掌控压力

于际敬　肖盛涛　著

机械工业出版社

我们在面对职场、生活、学习时，几乎所有人都会遇到压力。压力过大会导致诸多问题，只有掌控压力才能更好地应对一切。本书凝结了作者多年心理咨询和授课经验，能帮助读者认知压力现状，测试自身压力情况，进而掌握化解压力的方法。本书不是一本单纯说教的书，读者可以带着自己的压力问题，跟随书中的步骤，抽丝剥茧，最终化解自己的压力。

图书在版编目（CIP）数据

掌控压力／于际敬，肖盛涛著．—北京：机械工业出版社，2023.7（2025.5 重印）
ISBN 978-7-111-73056-9

Ⅰ.①掌… Ⅱ.①于… ②肖… Ⅲ.①心理压力-心理调节-通俗读物 Ⅳ.①B842.6-49

中国国家版本馆 CIP 数据核字（2023）第 083378 号

机械工业出版社（北京市百万庄大街 22 号　邮政编码 100037）
策划编辑：梁一鹏　　　　　　　　责任编辑：梁一鹏
责任校对：牟丽英　李　婷　　　　封面设计：吕凤英
责任印制：单爱军
保定市中画美凯印刷有限公司印刷
2025 年 5 月第 1 版第 3 次印刷
169mm×239mm・17.5 印张・247 千字
标准书号：ISBN 978-7-111-73056-9
定价：68.00 元

电话服务　　　　　　　　　　　　　网络服务
客服电话：010-88361066　　　　　　机 工 官 网：www.cmpbook.com
　　　　　010-88379833　　　　　　机 工 官 博：weibo.com/cmp1952
　　　　　010-68326294　　　　　　金 书 网：www.golden-book.com
封底无防伪标均为盗版　　　　　　　机工教育服务网：www.cmpedu.com

自　序

压力，是一个我们耳熟能详的词语，也是一个令我们心生畏惧的词语。我们爱它，我们也恨它。我们离不开它，我们也不想见到它。压力，简直就是一把双刃剑，如同周华健那首《让我欢喜让我忧》的歌名一样。曾几何时，正是压力的存在，让我们一次次在演讲的舞台上挥洒自如，赢得了无数掌声；也是压力的存在，让我们彻夜不眠，失去了最好的精神状态去参加面试，而与渴望的岗位失之交臂。

几乎所有岗位描述里都会强调"具有一定的抗压力"。在这个高速发展的社会，几乎每个人都要背负压力和焦虑，似乎这种局面就是我们生活的主旋律——高速发展与压力、焦虑并驾齐驱。也许"强大的心"可以帮助我们在快节奏的生活里游刃有余，帮助我们快速地进行自我调节，去面对生活和工作中的种种困难、挫折和压力！那么如何才能拥有一颗"强大的心"？答案就是去面对，去经历，去挑战。

马克思说："人是各种社会关系的总和。"人，从一出生开始，就注定是一个社会化的人，就要与人接触，就会产生沟通。沟通就是沟通，事情就是事情，这无可厚非。但是，你对沟通本身的看法，对沟通过程的看法，对沟通结果的看法，却引起了你不同的心境（压力感受）。

你可以尝试回忆一下：近期你和一个人沟通的事情，这个人是谁，是男的，还是女的？是年长于你，还是年少于你？是你的上司，还是下属？这是一件什么事情？利益大，还是利益小？关于你的，还是关于对方的？容易还是困难？需要资金多还是少？还没开始，就这么多问题等着你了。当你清晰地回忆这个人和这件事的时候，你的压力感受如何？不同的人，同样的事情，或者同样的人，不同的事情，压力感受是相同的吗？

现在请继续思考下面的问题：这些压力感受，是因为谁而引起的？是你自己，是这件事情，还是对方，或者一些局外人？有没有遇到这样的情况：本来压力感受很不好，但是不知道为什么，那天你看见了一个小孩子在咿呀学语，把你逗乐了，突然你也开心了。结果，那天的谈话很顺利，似乎没有任何障碍。明明你之前认为对方是个小肚鸡肠的人，怎么一下子变得豁达起来了？难道对方最近走了大运，不屑与你一般见识，还是你能力大大地提升了？当然都有可能，但是，最可能的就是，你突然没有把这件事当作压力，或者说你放松了，很多肾上腺素被释放出来了。

在生活中，你是否还遇到过这样的场景：明明很生气，恨不得把花瓶砸了，但是瞬间你想到了儿时，你和小伙伴们用砖头砸碎玻璃的开心场面，往事的回忆让你乐了，你忽然发现，没有那么生气了。

也许，我们都有过失眠的经历，明明很累，就是睡不着，明明很困，就是不想睡，似乎总有一些放不下的东西，似乎总有一些想不清楚的东西，时而隐匿，时而浮现……这就是我们的压力现象，我们人人都经历过。那同样压力下为什么有些人很痛苦，苦不堪言，而有些人却能砥砺前行，光彩绽放呢？在这里，暂时用这样一句话来表达："幸福的人，不是没有痛苦，而是不被痛苦所左右。"逃避压力，心灵就会永远停滞不前；过于逃避问题和痛苦，反而是人类压力和烦恼的根源。一味地减少压力和烦恼，这不是我们的目的。我们的目的是，当面临这些压力现象的时候，我们该从哪个维度去破局，从而减少压力对我们的影响。所以，本书的目的就是帮助你在众多压力现象中，认识压力本身，明确压力管理理念，用工具的方式将压力管理落地。勇于面对压力，活出自己最精彩的人生！

事实上，我们不乏压力管理的方法，运动、瑜伽、疗愈等，在我们的写字楼、社区，随处可见。我们也不乏压力管理的理念，教科书、微信公众号上，随时可查。问题是，我们没有那么多时间去管理自己的压力，抑或是即使有时间，面对众多的理念和方法，似乎又增添了新的选择压力。

本书将概念可视化，操作流程化，用最短的时间，让你学会压力管理的方法，并付诸实践。

本书是我们多年心理咨询和职场经验的总结，来源于生活实际，可操作性较强，曾经帮助很多人走出了压力的旋涡。但我们深知："吾生也有涯，而知也无涯。"个人的能力总是有限的，我们依然还在学习的路上。不想奢谈意义，只是希望在生活里，当你面对压力的时候，你可以尝试使用一下本书中的工具，如果你拥有了掌控自身压力的能力，于我们则是快慰的事情。

书中内容是作者从业20多年上万例心理咨询以及10余年授课经验的回顾与总结。这不是一本单纯说教的书，而是让你带着实际的问题，依照书中的流程逐步抽丝剥茧，从道、法、术等多个层面化解压力的指南。期待你读完的时候，可以自信地斟满一杯酒，跟压力与烦恼干杯并说再见。

这本书不仅仅是用来看的，还需要你带上笔用心来记录，同时要敢于用语言来表达，总之你要用参与和互动的形式来读这本书。

说了这么多，如果你已经开始好奇了，那就相信我们，请带上你的压力和烦恼，跟我们走吧！一段不同寻常的心智之旅即将开启，看看会发生些什么。

于际敬　肖盛涛

目 录

自序

第一章 认知压力

第一节 检测压力 / 002
一、当压力来敲门 / 002
二、压力测试：雨中的你 / 015
三、清楚地表达压力 / 018

第二节 认识压力 / 020
一、不同角度看压力 / 020
二、本书对于压力的定义 / 025
三、压力的防御机制 / 032

第三节 分类压力 / 036
一、常见压力来源与应对态度 / 036
二、压力的三个阶段 / 038
三、压力管理的三个途径 / 043
四、压力管理的九大技能 / 046

第二章
压力进口

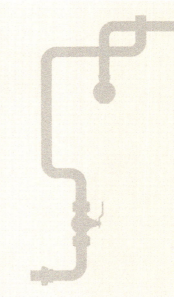

第一节　做自主者（管理压力进口：自助）/ 050
  一、正确的苦乐观 / 050
  二、把压力看成是正常事件 / 060
  三、控制力：跨越障碍的能力 / 067

第二节　压力界限（管理压力进口：他助）/ 079
  一、改变与影响 / 080
  二、界限不清 / 088

第三节　过滤杂念（管理压力进口：天助）/ 098
  一、面对压力全新的思考方式 / 098
  二、什么是正念 / 103
  三、正式正念练习前的准备 / 104
  四、常见的几个正念练习 / 111
  五、训练中的注意事项 / 122
  六、非正式正念练习——日常生活中的正念 / 126
  七、坚持正念练习 / 130

第三章
转化压力

第一节　增加弹性（管理压力转化：自助）/ 134
  一、有弹性的压力不累人 / 134
  二、深度放松的能力 / 144

第二节　修复平衡（管理压力转化：他助）/ 151
  一、你真的会开车吗？/ 151
  二、修复平衡的方法 / 156

第三节　一念心转（管理压力转化：天助）/ 162
  一、保持一颗平常心 / 163
  二、觉察自我 / 165
  三、正念忏悔 / 172
  四、接纳 / 176
  五、放下 / 187
  六、释放压力 / 191

第四章
压力出口

第一节　做宣泄者（管理压力出口：自助）／198
　　一、无法说再见的情绪／198
　　二、别停，让情绪流淌起来／209
　　三、给情绪插上理性的翅膀／214

第二节　支持系统（管理压力出口：他助）／221
　　一、什么是社会支持系统？／222
　　二、支持系统里人的特征／227
　　三、建立和维护你的社会支持系统／237

第三节　转为动力（管理压力出口：天助）／239
　　一、压力背后的目的和意义／240
　　二、目标——目的的实践／248
　　三、使命——意义的延伸：我能成为谁／249
　　四、愿景蓝图／253

结语／255
参考文献／270

第一章

认知压力

第一节　检测压力

当你说"最近压力很大"的时候,你是如何感知到的?你能确定是什么导致的压力吗?是单一的,还是多元的?当你身体出现与往日不同的状况时,你会关联到当前的压力吗?如果让你说出"你的压力是什么"的时候,你能清楚地表达吗?本节帮助你认识什么压力在困扰你,近期的压力是否带给你影响,以及可以清楚表达当前的压力是什么。

一、当压力来敲门

午夜,智能手机的光亮似乎是一个人心灵的慰藉:有了它,仿佛世界是自己的,一如桃园;关了它,仿佛有一个物种在咬噬自己,令你辗转反侧。这个物种就是你内心放不下的事情所带来的思绪万千。智能手机可以在短时间内阻止这种思绪,但人不可以不睡觉一直藏在手机的世界里,压力总会来敲门的,总要去面对。正是如此,希望当压力来敲门的时候,我们能提前预知并做出反应。

对时代压力的思考

时代在快速发展,当我们在享受科技进步带来便捷的同时,压力也在用多元化的方式游走在生活和工作的各个方面,正在从午夜的敲门转为随时随地敲门。曾几何时,人们见面的口头语"你吃了吗"演变成了今天的"最近忙吗",足以见得人们压力之大。

姜先生,今年39岁,在某大型国企任中层干部。他觉得自己20多岁的时候，工作很累，但是很舒心，每天乐呵呵地就过来了。现在不像过去那么艰苦了，反倒觉得身心疲惫。为了认真做好工作，处理好各方面的关系，他经常出现失眠、脱发、焦虑、压抑等问题。为此，姜先生感到很痛苦，有时候甚至怀疑自己的工作能力。像姜先生这样的情况在企业的其他管理人员和一些员工身上普遍存在，此外，还有其他如人际关系、情绪、情感、性格等问题经常困扰着他们。

尽管问题很多，但很多人一般还是忍在心里，不会及时去找心理医生咨询和治疗。直到这些问题不断积累，健康的最后一道防线坍塌，甚至等到出现身体疾病的时候，他们才会给予重视。我们不把压力当回事，它就会肆无忌惮、恣意横行，如野草一般在内心滋生蔓延，影响我们的情绪，把我们折腾得苦不堪言。所以，我们必须学会压力管理的方法，掌握调节自己心理的技巧。

我们先回顾一下无忧精英网在2017年发布的《职场精英压力状况调查报告》。共有22935名职场精英（工作2年以上，年薪超过10万元）参与本次调查。调查显示，职场精英心理健康问题严重，67%职场精英压力较大，接近或超出承受范围，每25人中就有1人受到与压力相关的疾病困扰，轻则疲惫消极，严重的则患有抑郁症。

调查结果显示，高达93%的受访职场精英觉得有压力，其中26%的职场精英觉得压力大到无法承受；41%的职场精英觉得压力较大，但勉强可以承受；26%的职场精英觉得压力在承受范围内；仅有7%的职场精英表示没有压力。

压力的来源方面，35%的职场精英的主要压力来自于工作，42%的职场精英的主要压力来自于生活，23%的职场精英受到工作与生活的双重压力。

由于男性更关注事业发展，也承担更多的养家责任，往往承担更多的压力，73%的男性精英觉得压力接近或超出承受范围，而有这一感受的女性只有62%。世界卫生组织2015年版《世界卫生统计》报告显示，中国的男性平均寿命为74岁，女性为77岁。男性寿命普遍短于女性也是男性压力更大的一种体现。

2018年7月28日，国内最大的职业成长平台脉脉，发布《职场人别慌——中国职场生存压力详解2018》报告。数据显示，2018年职场压力关键词为"慌"，迷茫成为职场人压力最为重要的源头，由此引发出一系列长期困扰职场人士的压力问题。这些压力体现在职场和生活中就是，越来越多的人想重新来过，尤其是工作了十年左右的职场中年人士，有三分之一的人会选择新的工作。而脑力不足、注意力不集中、记忆力减退、失眠、皮肤问题、抑郁、脱发成为工作和生活压力巨大的职场人身上最容易出现的现象。调查还显示，职场人士在工作时间最容易感受到压力，其次是上班途中挤公共交通、睡觉前、过年回老家等。

随着时间的推移，2020年突如其来的疫情，更是给"压力""慌"增添了不同的意义。我们不难看出"压力"已经成为时代的隐形炸弹。为什么变成这样了呢？据研究，现在人一天内所接收到的信息总量相当于100年前人一生所接收到全部的信息。这是一个信息过载的时代，说信息核爆炸一点都不为过，电脑、手机刷屏、各种媒体的信息推送，随时打破我们原本宁静的身心健康平衡状态。

了解你近期压力的现状（生理和行为角度）

无论压力的表现形式如何，我们的身体似乎对压力的反应比较相似。下面是一个简单的测试，可以从生理和行为的角度，了解一下你近期压力的现状。

最近一个月以来，你是否遇到过什么有压力的事情，或者经常感知到压力的存在？如果有，请微微闭上双眼，调整呼吸，回忆，当那些压力来敲门的时候，你的表现是什么样子？看看下面五个选项里（见表1–1），你占了几项？为了精确地理解，你也可以先看后面对应的解释再做选择。

表 1-1

一个月内遇到压力事件的表现	是或否
疲劳	
不适	
脾气	
失眠	
低效	
选择"是"的个数统计	

测试解释

选择近期压力现状作为测试的原因。人在不同的人生阶段，都会遇到不同的压力。学生时代，第一次离开家住集体宿舍的时候，面对不熟悉的伙伴，独立生活等，人们都会有很多的不适。但几个月后，就可以自如地和同学欢声笑语了，最初的压力已经不存在了。所以，压力是具有时空效应的，环境不同、事件不同、时间不同，压力的感受都是不同的，所以，我们需要关注"近期"。但如果你一直都是这样，那么我们特别建议你去看医生了。"前事不忘后事之师"是可以的，如果"前事"不能"为师"，相反带来干扰，说明你的人生还有某些环节需要走向成熟。下面来具体说说每一选项的解释。

关于"疲劳"。如果你在近期，总是觉得很累，精力不足，做什么事都提不起精神，这说明你有些"疲劳"了。从力学角度看，这是一种"累积损伤"的过程。就好比你在装修新房子时，开始几天，精力充沛，之后，就是手和脚肿胀，这是肌肉张力没有复原的结果。心理也是同样的道理，一次任务失败，你会承受，如果接二连三失败，你就会"偃旗息鼓"，情绪上产生衰竭感，带来身体上的疲惫不堪。战场上，同样是几天的奋战，胜者不知疲倦，败军手无缚鸡之力，也是这个道理。从生理学角度看，由于乳酸及其他代谢产物的堆积，肌肉张力开始下降；随着二氧化碳的堆积，刺激呼吸中枢，导致哈欠连天。特别是压力的存在，让你产生了很多肾上腺素，消耗了大量的能量。随着压力的进一步增大，加上体表温度的下降，又没有能量的补充，比如休息和营养，骨骼肌的机能开始下降。从心理学角度看，如果你的肌肉工作强度并不大，但由于神经系统紧张程度过高或长时间从事单调、厌烦的工作而引起无力感，就是心理疲劳了。对比其他角度，心理疲劳更可怕，会影响自己工作中人际关系，家庭生活关系，以至于健康状态不佳，当我们到医院看病时，又查不出有什么特别的原因。

关于"不适"。如果你在近期，颈椎、胃部等总是不舒服，不是偶尔的，而是间歇性发作或持续性的，健康每况愈下，这说明你有些"不适"了，就是不舒服的感觉，这提示你某种疾病可能会到来。在流感多发季，假如你没有其他身体疾病，但是只要有人感冒，就会传染给你，说明你的免疫力在下降，提示你近期有压力事件在困扰你，需要及时地调整，再多感冒药也替代不了身心的放松。不适的情况比疲劳还要坏一些，但也不是那种严重的病态。不适的现象是很容易发现的，一旦发现，需要你及时处理——休息、运动、理疗、瑜伽等，如果不去处理，就会从表象发展成为真正的疾病。

关于"脾气"。最近有没有发现自己的脾气变大了？遇到事情爱着急——服务员上菜晚了，后车司机的鸣笛，家人的某句话，都会点爆你的小宇宙，各种焦虑担心随时油然而生。脾气，顾名思义，就是脾部之气不正常，肝火、心火过旺所致。这个时候要时刻检视自己近期的压力了，是什么导致了"火"的旺。作为一种沟通形式，愤怒体现了一个人的价值观或者权威受到了压制和批判，而反抗或发泄的方式就是这种"偏暴力"的形式。这也反映了人格的差异，比如 A 型性格就比 B 型性格的人容易产生愤怒情绪（后面会提及对 A、B 型人格的描述）。

关于"失眠"。你有过失眠的经历吗？不是昨天这一个晚上，而是近期一个阶段。失眠一般分为三种：一过性失眠，持续时间为一到两周的短期性失眠；周期性失眠，某一段时间内周期性发作的失眠；慢性失眠持续，这种失眠持续时间很长，危害最大。失眠，从生理学看，是肌肉紧张的表现，这不难理解，比如今晚和朋友 K 歌，持续地兴奋，肯定睡不着了，如果是天天 K 歌，生物钟就会紊乱，即便午夜不 K 歌，也依然睡不着。如果是白天累积了大量的情绪压力，机体就会释放更多的肾上腺素和去甲肾上腺素，刺激交感神经持续兴奋，就会导致肌肉紧张，脑电活动活跃，进而导致睡不着，睡眠质量不高，睡觉异常的现象，此时，人的心跳、血压都会比平日明显提高。典型的表现就是憔悴的面容上镶嵌了一对充血的双眼。虽然睡眠可以使人放松、恢复，但是只有高质量的睡眠才是最有效的。

关于"低效"。无论什么表现，疲劳、不适、脾气、失眠等，最终都带来"低效"，即做事没有效率。比如记忆力减退，容易忘记一些事情；反应力变弱，花费一倍或两倍的时间才能完成一份报告；沟通效率很低，谈话中主题、目标容易混乱；工作状态不佳，叹气、失神、发呆地坐在电脑前等。原来读过一篇好文章后特别愿意分享给他人，现在完全没有意愿；别人分享的内容，转头就忘，还一脸懵地问人家刚才说了什么；计划一再推迟，随着任务的积压，容易出现强烈的自责情绪、负罪感，开始怀疑自己，否定自己，进而加剧焦虑、抑郁的产生，一旦出现这种状态，需要引起重视。

睡不好，精神就不好，脾气也会上升，加重疲劳感和不适感，如此往复，心理状态下降，进而身体就会更差，效率就会更低。虽然上述的几个指征不能绝对化，但是至少给我们一些警示：

如果你在近期有 1 个上述的表现，那么你属于轻度压力状态，或者轻度亚健康，稍事休息几天，调整作息就可以自愈了。

如果有 2～3 个，那么你属于中度压力状态，或者中度的亚健康，需要通过练习一些技能帮助你调整方可恢复。

如果有 4～5 个，你可能属于重度压力状态，或者重度亚健康，甚至已经是疾病状态，此时，你要高度警觉了，身体已经拉起了警报，你处在严重透支状态。你的生活工作状态需要做一个大的调整，甚至需要去医院进一步检查身体，进而有针对性地制订一个调整方案。当然，压力下的反应有很多，这里面列举的是大家日常生活中最为常见的，目的是便于我们时刻发现，时刻调整。下面列举了一些压力过大给人造成的具体影响，希望你能够根据这些显而易见的影响，溯本求源。

压力过大对人的心理、生理和行为造成的具体影响

1. 工作压力对人心理的影响

（1）焦虑、紧张、困惑和急躁。

（2）疲劳感、生气、憎恶。

（3）情绪敏感和反应过激。

（4）压抑、抑郁。

（5）沟通效果不佳。

（6）退缩和忧郁。

（7）孤独感和疏远感。

（8）烦躁、不满。

（9）精神疲劳，工作能力低下。

（10）注意力涣散。

（11）缺乏自发性和创造性。

（12）自信心不足。

2. 工作压力对人生理的影响

（1）心率加快，血压增高。

（2）肾上腺素和去甲肾上腺素分泌增加。

（3）肠胃失调，溃疡。

（4）容易意外受伤。

（5）身体疲劳。

（6）睡眠障碍。

（7）心脏疾病。

（8）呼吸问题。

（9）汗流量增加。

（10）头痛。

（11）癌症。

（12）肌肉紧张。

（13）死亡。

3. 工作压力对人行为的影响

（1）拖延和逃避工作。

（2）工作表现变差。

（3）酗酒甚至吸毒。

（4）去医院的次数增加。

（5）暴饮暴食，导致肥胖。

（6）吃得少，变得抑郁。

（7）由于胆怯，没胃口，瘦得快。

（8）冒险行为增加，包括不顾后果地飙车和赌博。

（9）侵犯别人，破坏公共财产，偷窃。

（10）与家人和朋友的关系恶化。

（11）自杀或试图自杀。

压力是个小偷（压力现状带来影响的原理）

从以上个几个指征来看，压力会影响一个人的健康和幸福，就像一个小偷一样，在悄悄地偷走你的能量。压力所带来的影响之一，就是健康，既有生理性的，也有心理性的。压力会导致身心的衰竭，而这一切不是压力本身带来的，而是压力管理的能力不足所致。幸福的感受是根据每个人的自我设定产生的，幸福的人不是没有烦恼，而是不被烦恼所左右，你如何看待压力和烦恼以及你和压力与烦恼的关系，决定了你幸福与否。由此可见，管理好压力是多么重要。

网络上流行这样的话："聪明人投资健康，明白人储蓄健康，普通人忽视健康，糊涂人透支健康。"如果我们不能为自己的健康设立防线，自然就会给像压力这样的"小偷"下手的机会，偷走健康的能量。当我们不再年轻的时候，当我们因为器质性疾病缠身的时候，或者当我们开始知道"养生"重要的时候，已是江心补漏，甚至是及溺呼船。

有人把健康比喻为数字"1"，财富、名利等一切外在东西比喻为"0"，如果没有了健康这个"1"，那么其他的无论有多少都是零。所以，健康是基础，是幸福的基石。人类一直在探索和追求，终极目的也无非是健康和幸福。如何能够有的放矢地投资和储蓄健康，让忽视和透支健康的人有一次亡羊补牢的机会？本书从压力的角度给出了参考建议，当你读完的时候，或许你会找到内心的归宿，生活里多了一份从容和宁静。

压力与健康

如果生理上有疾病，并且持续了一段时间，我们会选择去医院，因为你知道不舒服了，不健康了。如果心理有疾病呢，你会去医院吗？你会认为自己不健康吗？如果你做出了违反社会道德的事情，比如从楼上扔垃圾发泄自己的愤怒，你会因此去医院吗？很多人是不会的，而且也不认为自己有健康问题，可事实上，你确实"病"了。

从压力管理的角度看，很多健康的问题就是由于压力引起的。研究显示，60%~90%的疾病与压力管理能力有关（这里需要强调的是，不是压力的大小，而是压力管理的能力）。"身心病"所描述的就是由于心理因素导致的身体变得脆弱而带来的疾病。比如常见的感冒，可能就是源于心理压力，降低了自己的免疫力，致使病毒侵袭。

压力，尤其是慢性压力，会带来疼痛的感觉。现在你就可以试一试，如果你已经看了一个小时的书了，抬起头，向后仰，你是否觉得脖子有酸痛感；但是如果你是游泳后，仰头，就没有这种感觉。前者是压力的侵扰下造成的，后者是放松带来的舒适感。

癌症，这是一个谁都不愿提及的字眼，因为它等同于晴天霹雳，被认为是生命的尽头。事实上，很多研究显示，除了摄入的食物、病毒之外，压力，尤其是慢性压力，也是癌症的始作俑者。

压力对健康的损害，不仅仅是上面提到的躯体层面，还有对心理的影响，比如创伤后应激障碍，就是极端痛苦或生理事件导致的一种状态，比如战争、亲人死亡等导致极度的恐惧、噩梦、幻觉等。焦虑和抑郁也是压力下常见的心理状态，自杀率的提升和压力有关联性。关于压力是如何导致的这一点，我们在后面的章节里也会多次提到。

压力带来了精神的紧张，也会引发一些道德层面的健康。道，从狭义角度看，是人在自然界中和社会生活中应遵循的一定的规律，法则、规范是我们在社会中做人的最好准则；德，是一个人的品德和思想情操。道是本体，德是道的体现。如果违反了，就是我们常说的没有"道德"，也就是道德的不健康。压力下，各类激素水平的不均衡，神经系统会紊乱，进而导致人的紧张、压抑，在这样的状态下，人就会做出一些不合理的行为。

压力正在逐渐吞噬我们的健康，遗憾的是，很多人忽略了"事件—压力—健康"互为关联的关系，而是割裂地处理。

压力与幸福

幸福，是个奢侈品吗？很早就有调研显示钱与幸福的关系：钱少的时候，钱与幸福成正相关；钱多的时候，钱与幸福却呈现非正相关。这只是一个调研，事实上，我们会发现，即使是一个乞丐，在得到一份丰美大餐的时候，也会感觉此刻他是最幸福的；即使是一个穷小子，在得到爱情的时候，也会对着大海喊道"我是最幸福的人"；衣食无忧的人依然有他的不幸。可见，幸福人人皆可拥有，与奢侈品是否有关，由你决定。

种种现象，不由得让我们思考：幸福是什么？为什么要幸福？如何才能幸福？很简单的三个问题，却始终得不到一个答案。积极心理学之父，马丁·塞利格曼，在《真实的幸福》《持续的幸福》中提到了幸福的1.0和2.0版本，从关注积极情绪、意义、投入三个维度，扩大到五个维度（在1.0的基础上增加了积极的人际关系和成就）。泰勒·本·沙哈尔博士在《幸福的方法》中，选择了"意义"和"成就"两个维度去诠释幸福。从科学的角度，研究的确需要量化，优点在于有据可依，但是否也会有一种"食不厌精，脍不厌细"的感觉？如果仅从心理学角度进行研究，概念化已经足够了，然而，对于幸福的诠释涉及了哲学、心理学、社会学、经济学、文化学等多个层面，于是每当压力过大，关于幸福的体验很容易变得有些纷杂无绪。

你心中的幸福是什么样子？每个人的理解不同，也许你一直为之努力就是在不断地描绘它。如果你愿意，可以在书的空白处，写下你定义的幸福，以及你希望能拥有这个幸福的原因和曾为此付出的努力。

萨提亚曾说过："幸福与否取决于你和压力烦恼的关系如何。"可以说，幸福的人不一定没有压力烦恼，但是有了压力烦恼的人往往认为自己不幸福。为什么？这里面有个关键词"关系"。从精神分析的客体关系理论看，"关系"是一切问题的根源。什么是"关系"？从形而上的角度看，它是你的人生观、价值观、信念等，简单来说，就是你的看法。

比如你即将要迟到，如果在你的价值观中，迟到是不道德的，那么你就会觉得堵塞在路上的压力很大；如果你换一种角度，并认可这个角度——迟到了，顶多老板批评几句，主动承认错误就好了，反正老板也不是骂过我一个人，也许这么想，你压力就没有那么大了。所以，同样是迟到，不同的看法就会有不同的感受。假如，你因为照顾孩子，经常迟到，也经常被老板骂，你对于迟到的压力感还会那么大吗？

由此，我们看到压力烦恼和幸福的关系了。从儿时到青年，从青年到中年，再到老年，哪个阶段的压力烦恼少呢，也就是说哪个阶段最幸福呢？是否有人会认为退休的时候就是最幸福的？或者你认为在未来拥有了什么就会更幸福？马斯特里赫特大学经济学家伯特·范·兰德汉姆在英国伦敦大学皇家霍洛韦学院召开的2011年经济学会年会上发布了这样的一个结果：U形幸福感——人的一生的幸福感呈现U形变化，年轻和老年时幸福感强，而中年时期幸福感最差。虽然这是在英国、瑞士和德国志愿者中进行调查并分析数据得出的结论，却也告诉我们，中年时期人们会面对更多的压力和生活的挫折，比如快节奏、失业、房贷、孩子教育、失去亲人等，家庭和事业要求越来越高了不再像学生时代那样无忧无虑了，这也是幸福感下降的原因。认为老年时代更幸福，或者认为未来拥有了什么才会幸福的，是把思想直接跨越到老年，这是"跨界"了，提前步入了老年。其实老年人也不是没有压力烦恼，比如，儿女是否成长、孝顺与否，自己的身体健康等，但比起工作赋予的责任而言，只能说相对好一些而已。

在《改变，从心开始》这本书里，来自荷兰的罗伊·马丁纳博士，提到了三种快乐：竞争式快乐、条件式快乐和无条件快乐。

竞争式快乐，就是用竞争的结果来界定自己个人的价值，比如考试成绩、销售业绩、比赛结果。尤其是现在的商业环境中结果导向的影响下，很多人陷入这个模式中。这是把幸福聚焦在未来的一种思维模式，而未来是具有不确定性的，势必带来因为不确定而导致的焦虑和压力，就像书中的那个例子：天使对商人A说，你可以实现一个愿望，但是商人B永远比你多两倍，商人A的愿望是：我想失去一只眼睛。虽然有些极端，但是这就是竞争的结果。可是，一个人不会总获胜，终究会尝到失败的滋味，如果不能很好地面对，岂不是很痛苦？从这里我们看到压力和烦恼的来源之一，就是把幸福寄托在不确定的结果上，同时，为了结果，辛勤地工作且不断地消耗自己的能量，最终导致枯竭，自然就会有职业倦怠的感觉。这是典型的输赢人生。

条件式快乐，就是把快乐和特定的外在条件联系在一起。如果爱人肯给我送一束花，我就很快乐；如果孩子不哭闹了，我该多幸福呀。这都是限制性信念。没有花，就不快乐吗？孩子哭闹，你就不幸福吗？条件的存在不会长久，因为条件总会变的。换句话说，如果男朋友与你分手的时候给你一颗夜明珠作为补偿，你会因此而快乐吗？几乎不能。条件有很多种，环境、认知都是一种条件，不难理解，在条件的限制下就会增添烦恼，压力也会随之而来。这是典型的条件人生。

事实上，快乐、幸福与条件无关，这就是最高的境界——无条件快乐。按照罗伊的说法就是"至乐"。不需要外界的能量或刺激，就能感觉到快乐与祥和、身心合一的状态，充分体现当下的情绪流动状态。没有竞争的输赢压力，心态自然平和；没有条件的限制，内心就会平静，就会灵魂通透。所以，要时刻关注自己的无条件快乐。人们的追求正从物质向精神幸福过度，如果还把"拥有了什么"作为自己的幸福标准，显然落伍了。生活的例子数不胜数。拆迁后天降巨款的幸福只有一瞬间，随之而来的就有可能是妻离子散，反目成仇；刚来到一个城市，能租上房子就很好了，合住也行，后来希望自己一个人租，再后来希望买自己的房子，最后，希望房子的面积至少 400 平方米以上，如果你真的住了这样的房子，可能又会有其他追求。满足，似乎总是不可能的，按照"幸福"的一个定义"满足的状态"来说，你永远是不满足，不幸福的。但是，满足，又是有可能的，那就是"自我的满足"，老子在《道德经》第五十六章中提到"不可得"会导致"亲、疏、利、害、贵、贱"，反过来说，如果没有这些想法和欲望，就会"燕处超然"，犹如陶渊明笔下"采菊东篱下，悠然见南山"的境界。

竞争和条件，都是结果性的，而对结果的期待决定了压力的存在，又何谈幸福？因此如何看待竞争和条件，才是能否化压力为幸福的前提。

综上所述，压力就像一个小偷一样，在慢慢地偷走一个人的健康和幸福。初期我们很难感知到它的威力，有了症状后，我们往往又忽略了压力的威力。所以，我们有必要在心理上时刻预知自己的压力感，理解自己的应对方式，以免让其恣意妄为。下面的测试也许会对你有所帮助。

二、压力测试：雨中的你

心理学有一个很有趣的投射实验——"雨中人"绘画。要求测试者画一幅雨中有人的画，然后结合画面的构成要素，可以从其诸多细节测试出一个人的压力应对模式。

结合前文压力状况的描述，请你跟随下面的导语，我们一起去认识一下你自己的压力应对模式。

首先，请你准备一支笔和一张空白 A4 白纸，找一个舒服的姿势坐下，让自己放松下来。再轻轻闭上眼睛，把注意力集中在呼吸上，深呼吸。每一次呼吸都让你更加放松……

然后想象一幅你在雨中的画面。将你的注意力集中在这幅画面上，直到它越来越清晰。那是怎样的画面？是什么样的氛围？你在做什么？情绪是怎样的？注意这个影像……

现在慢慢睁开你的眼睛，把你想象中的影像在纸上画出来。

注意：不必考虑绘画的技术，只要把你的心中所想具体地画在纸上就好，尽量表现细节，时间限制在 10 分钟以内。等到画完之后，我们再看下面的解析。

绘画解析

雨中人绘画的解析，有几个元素很重要，一是雨，二是人，三是伞等支持系统。

1. 雨的大小

雨代表一种压力，雨的大小表示近期压力的大小。雨代表着主观感受到的压力或困扰，雨的密度和量表达了压力或困扰的严重程度。在一次课堂上，我见过一位 20 多岁女士，把自己画在一个漆黑的夜晚，一个人站在海边的礁石上，头顶着乌云雷电狂风暴雨。于是我就问她最近有什么压力情绪。这一问可不得了，这位女士眼泪竟一下子涌了出来。深入了解下去，她还有自杀倾向。其实每年在这个测试环节我都能发现好几例有自杀倾向的人，当然一旦发现我们就可以提早对他们进行干预和帮助。

2. 人

人代表受测者的自我形象和人格完整性。人代表着应对压力的方式、状态……画中人物的情绪状态，表示现阶段的主要情绪。

整体特征

符号化的人。受测者有掩饰性，在压力管理层面上有压抑倾向，不善于表达，同时也表示其说谎的能力较强。有位女士，用圆圈和杂乱的线条代表自己，嘴上说现在的自己很潇洒，经过解读发现是离异压力下对自己迷茫的一种表达。如果是火柴棒的人，代表一种心智的不成熟。

画中出现的其他人，表示现实中或理想中的重要他人。

局部特征

头画得越大，受测者的心理年龄越小。一般情况下，12 岁以后的受测者不应该画出大头小身体的样子。

耳朵。受测者不画耳朵可能表示其有逆反心理，倾听意识比较弱；画大耳朵的受测者如果画的不是卡通形象，他可能比较敏感，总能听到话外之音；如果耳朵过小，同样表示倾听意识比较弱。

牙齿。受测者如果对牙齿描绘得比较清楚，一般提示其有情绪，有言语攻击性。

眼睛。眼睛画得太大的人比较敏感、多疑、偏执。画眼睫毛的人对美过分关注。不画瞳孔的人在人际交往中有回避倾向。

手。一般人只画形状，画手指的人太注意细节。手代表对环境的支配，伸得越开支配力越强。画中手放到后面的受测者一般有被动攻击行为，如果是儿童则可能经常掩饰自己的错误行为。

脚。代表人的活动力，分得越开活动力越强；反之，则比较拘谨，不善与人交往。

头发。把头发画得竖起来的受测者攻击性较强。

衣服。画口袋、纽扣的受测者比较注意细节。如果很注重对称，则有强迫症的倾向。

人在白纸中的位置（A4纸左右上下对折，形成十字交叉的折痕）

偏左：受测者留恋过去。压力也往往缘于过去的事情没有处理好。

偏右：受测者憧憬未来。压力也往往缘于对未来的焦虑担心。

偏上：受测者喜欢幻想。思绪过多，追求完美，爱上火。

偏下：受测者注重现实，对安全较为关注。追求稳定，对于变化容易产生不安。

居中：受测者自我意识较强，以自我为中心。经常觉得自己委屈，出力不讨好，实则对换位思考有些欠缺。

角落：受测者如果情绪不好，需要排除有心理性疾病的可能。

3. 伞等支持系统

伞代表应对雨的措施，以及应对的效果。是否画伞表示是否有应对压力的方法。

自助。打伞，有较好的自我保护意识，有自己的发泄方式，会避开压力和伤害。

他助。其他遮蔽物，树下、屋檐下等，是借助他物防护自己。这类人在压力下善用资源和支持系统。

天助。在雨中没有任何可遮蔽的地方，没有任何雨具保护自己。这种人在遇到压力时，常感到无力、无助，有一定的依赖性，既不满意环境，但又没有离开环境的行动。他们常常是环境的牺牲品，也是生活中常见的受害者，容易怨天尤人。

绘画测试，尤其是对压力不敏感的人群，可以帮助其捕捉到压力现状、应对方式。

三、清楚地表达压力

通过绘画的形式，将你的压力跃然于纸上，让潜意识里的压力感受逐渐具象化，但是仍未抵达意识的层面。而"表达"似乎可以帮助意识和潜意识之间架起一座沟通的桥梁，身心一致地看待当前的压力事件。

现在，你可以写出来近一个月内生活和职场中的各种压力事件，请聚焦在事情上，范围不限，数量不限，多多益善。也算是给你一次吐槽的机会。

请仔细看自己所写的压力，是不是有些偏于笼统和概括？关于这个现象我举个例子。经常会有人咨询我，比如："我很痛苦。"就这样一句话，让我怎么回答呢？我只能回应："祝你快乐。"试想一下，即使我们到医院看医生，也不能简单地说"我不舒服"，肯定得说具体哪里不舒服，有什特点等，医生才好判断是什么疾病，给出正确的相应的治疗方案。解决压力也是一样，得说清楚才能采取下一步措施。

为什么有人写出的压力源过于笼统呢？可能提示他的述情能力偏弱，不能很好地表达情感，即不能很好地释放压力。如果在"雨中的你"测试里面，地面积水很多，这表示没有很好释放压力的渠道，任其流淌，却又不知所措。

根据过往的经验，压力问题写得越具体细化，距离答案就越近，就越好解决。所以，如果上述压力源你写得过于笼统，请你尝试用更多文字完善它，这本身也是一个释放压力的开始。

可以用下面的语言帮助你完善压力表达：

什么事情导致了你有压力感觉？

这个感觉是什么？

这件事情关系到哪些人？

对方说了什么，做了什么，让你有压力感觉？

一般而言，这件事情发生在什么地方或者什么时候，会让你有压力感觉？

比如"我现在压力很大"，什么事情让你压力这么大？你现在的感觉是什么？当这个感觉来临的时候，身体的哪个部位最有反应？逐渐地就可以让你看清楚压力的具体情况了。

第二节 认识压力

通过压力的检测，我们可以了解自己压力的现状，以及哪些压力正在困扰着我们。什么是压力？了解压力的概念可以帮助我们理解压力的来源和产生过程，也为压力的化解打下基础。

一、不同角度看压力

哲学思考问题的一般方式是：澄清概念、设定判准、建构系统。按照这个逻辑，压力管理也应该从这个思考方式开始。

如果让你给压力下一个定义，你会如何描述"压力"呢？我们先看一个压力案例吧。

张先生在某通信公司担任基层工作主管，30岁，从小就各方面都很优秀，对于这份工作，他更是得心应手，经常得到上级领导的表扬。他很高兴，对自己也很满意，觉得很有成就感。后来，他被提拔为部门经理，于是，家人、朋友、同事纷纷向他表示祝贺，恭喜高升，他自己也是美滋滋的。

然而，当他开始接手部门经理的工作后，才发现一切并不像自己想象的那么简单。本以为经常和老总在一起，会有机会得到更多的信任和重视。然而事实却是，自从当上部门经理以后，不管他怎么努力，工作中总会出现某些疏漏。有时，经过很长时间做出来的一个调研报告，尽管他自己觉得很满意，但拿给老总看时，几乎每次都无法得到老总的认可。因此他也经常被老总批评、训斥。他再也找不回从前那种总被领导夸奖的感觉了。

这让他感到非常烦恼,觉得这份工作实在太痛苦。而越是烦恼,工作起来就越容易犯错。怎么办呢?他萌生主动辞去部门经理职务的念头,但反过来又一想,人都是"往上走",自己怎么主动要求"向下走"呢?他感觉压力大极了,工作简直没有任何乐趣可言,每天愁眉不展,更甭奢谈自我实现和成就感了。

请思考:张先生的压力是什么呢?

心理分析

从小就很优秀,得到夸奖、表扬特别多的人,再加上没经历过任何压力挫折,长大后,自尊心往往比一般人要强,心理上反而更脆弱,很难接受他人的批评、指责,同时也容易在挫折中迷失方向。张先生在基层工作中做得得心应手。然而,被提拔后,他的工作性质从单纯地做对事变成综合管理了。在公司工作以来,完全管人的工作他还是头一次做。如此说来,对于这个职位他还是一个新手,出点问题也难免,暂时没有胜任工作也很正常。而他就不这么想,从小到大都是被人认可,现在老总突然不满意了,开始批评、指责自己了,自尊心强的他就特别不适应,心里很委屈,一点成就感都没有。

他表面上是一个很自信的人,但这种自信只是因为过去的成功而形成的,很容易变成自满和自大。当他遇到从未经历过的否定、批评、责难、挑剔时,就会因为没有挫折经验而泄气、烦躁、迷惘、焦虑、患得患失。另外,从小得到表扬、赞赏多的人,会误以为工作就是为了得到上级的认可,受到表扬就有干劲,受到批评就手足无措了。

缺乏管理能力,是可以学习的,别人的指责,也是一种职场的人际沟通,算不上什么压力。而张先生对环境事件的反应以及与过往成功的比较,才是压力的主要原因。从案例中不难看出,压力有时也是一面照妖镜，能把人的本质投射出来，你原本是自卑还是自信，一览无余。当然也可以看到，每个人看待压力的角度不同，感觉亦不一样。

我们接着再谈压力概念。

压力，从物理学角度看，就是施加在物体上的力。后来，延伸到心理学层面。随着时间的推移，"压力"越来越受到重视，社会、文化、科学、心理、哲学等领域的专家们，也都从不同角度来界定压力。

有人将压力定义为"机体对作用于它的任意刺激的非特异性反应"，简单来说，就是人对于环境刺激的反应。无论是好的刺激（比如晋升），还是坏的刺激（比如失业），这个反应是一样的，都会带来心跳的加速。这说明大悲大喜都是不可取的，因为对机体的伤害是类似的，"范进中举"就是一个典型的例子。注意：这里面的任意刺激，既有外界环境的刺激输入，也包含了大脑加工自我创造的内部环境的刺激输入。想象演讲的效果和真实演讲的效果引起的生理反应几乎是一致的。

也有人将压力定义为"个人和环境之间的特殊的关系，这种关系被个人评价为疲劳的，或超越了他的能力范围，并危及他的健康。"这个过程经历的是心理唤醒、反应、评估、防御等。比如现在是 17:30，即将下班的时间，老板却把一个新领域的项目交给了你。而你之前没有一点经验，你在心理上就给自己贴了一个标签"不能完成"，但是不得不答应，今晚就很有可能会因此失眠，因为这个项目超过了你的能力范围。统合一下这个定义，即压力是刺激下一系列相互作用后的反应。这里的相互作用，应该既包含了生理，又包含了心理，也体现了压力强度和适应程度之间的关系，因为每个人的心理承受度和适应度是不同的。同样是面对 17:30 下班接到任务，也许你彻夜难眠，但是另一人也许就是"先呼呼大睡，明天再说吧"。这也体现了压力下，人与刺激的特殊关系——同样的刺激，不同的表现。事件还是那个事件，但不同的心智模式会产生不同的心理唤醒，以及对事件的反应、评估、防御，也就是产生不同的压力。

从中国文化的角度看，压力就是一种不平衡的状态，如果过大，则不在你的控制之下。平衡有很多的维度，从人的角度看，包括了人与自然的平衡，人与人的平衡，人与物的平衡，人与事的平衡，当然也包括人与自己的平衡。任何一个维度打破，都会带来不平衡。如果这种不平衡在你的控制之下，比如，虽然有暴雨，但是庄稼已经收割完了；虽然邻居家的货物阻碍了你出行的路，但是你知道十天后就会清理干净，那么你就不会有太大的压力反应。反之，如果这种失衡不在你的控制之下，如庄稼是收割完了，大雨即将倾盆，但是你知道今天不可能将收割的庄稼运回仓库；邻居开了淘宝网店，货物阻碍道路的现象将变成常态，你的压力就会很大。这个定义虽然很宽泛，但体现了对人与自然和谐关系的向往，应该说是最全面的。尽管整体医学也尝试统合这个概念，但相比中国文化的角度来说，更多是从人与自己的维度来解释，其包括"生理、心理、健康、精神"这四个层面。"身心灵"仍然是个热门的话题，但是也在这个范畴之内。

压力的定义有很多，为了更好地认识压力的各种表现，我们从"战或逃"反应开始入手加以分析。

1929年，美国心理学家怀特·坎农提出了"战或逃"反应，描述了压力下神经和腺体之间的反应过程。这些反应也解释了压力下的常见反应。假如，你遇到了老虎，会是什么反应？动物园里的老虎你不怕，因为它在笼子里。假想一下，如果在森林里遇到老虎，会怎么样呢？你有两个反应。如果你是武松，你可能会选择和老虎一战到底；如果你不是武松，你会选择装死或者逃跑。虽然这个场景没有真实发生，但是如果你是认真地在大脑里构思这种场景，感觉一下，你的心跳如何？嗓子有什么变化？胃口如何？尝试一下摸摸自己的皮肤，偏凉，还是偏热？答案是一致的：心跳加快，口干舌燥，没有食欲，体温下降。这些都是机体把能量给了骨骼肌的结果，以便让你有力量去对抗，或者逃跑，即便是装死，也需要紧张的肌肉帮你屏住呼吸。这些都是交感激活的结果，带来大量的肾上腺素和去甲肾上腺素的释放。一旦警报解除，一切生理机能恢复到正常的时候，人会有一种疲惫感，不适感，晚上回家后，心有余悸，睡不着了。这就是我们说的"战或逃"反应，在石器时代，这个反应很重要，是人类得以生存的遗传能力。

回到现在，这个反应就不那么合时宜了，因为我们的身边已经不会没有时时刻刻有老虎的存在，然而我们的身体却保留了反应的机制。在职场上，比如遇到迟到、塞车、上司的暴躁、繁重的项目、琐碎的家庭事件等压力的时候，无论反应是面对还是逃避，都会产生肾上腺素，这些肾上腺素并没有消耗掉，我们之前说过，能量只会转移，不会消失的。那就只能存储起来，积累到一定程度，可能就会引发疾病。

布赖恩·卢克·西沃德在《压力管理策略》第五版中，对压力的表述为："个人对觉知到的（真实存在或想象中的）对自身的心理、生理、情绪及精神威胁时的体验，所导致的一系列生理性反应及适应。"这里面有一个关键词：想象。从这个角度看，有些压力，不是真实存在的，是我们自己想象出来。事实就是事实，事实本身是没有压力的，人的解读才是压力的始作俑者。上司今天大发雷霆，你认为上司是针对你的，和你认为上司最近压力太大，会产生什么不同的结果？前者会让你觉得快待不下去了，再不辞职会被折磨死；后者会让你会同情你的上司，帮他处理好工作的事情。

小李曾经遇到过这个现象。一次小组会，领导对小李的工作公开批评了。小李一直业绩良好，实在难以接受。那天晚上他郁闷得没有吃晚饭，很晚才睡。次日很早就起床了，一阵微风吹来，小李突然觉得应该换个角度看待领导的批评。小李主动给领导打了一个电话："领导，我注意到您最近压力很大，昨天您的情绪很不好，要多注意休息，有什么我能帮您的吗？"领导向小李发了一个小时的牢骚。也是因为这次，小李和领导的关系更加融洽了。很多同事都不理解，被骂过之后，小李和领导的关系为什么还会那么好，其实就是"一念之间"的事情。

"战或逃"反应描述了压力下身体的生理反应。从这个角度看，无论是什么压力，正性的还是负性的压力，积极的还是消极的情绪，都会引起上述的生理反应。每个人对压力的承受力都会有一个适中的点，压力过大过小都是不良的压力。

无论从哪个角度描述压力，都表达了一个共同的概念，身心平衡的重要性；同时，从刺激信号，到神经信号的传递与转化，我们也会知道，能量是流动的，如果堵在了某个部位，就会产生器质性的疾病。所以，要时刻关注自己的压力反应，规避健康风险。

二、本书对于压力的定义

压力是一种主观体验，这种体验一般称之为压力问题。由此对于压力问题的定义都是当事人自己定义出来的，如何定义问题，将决定问题的走向。

如果孩子不上学，家长和老师就认为这是个压力问题，对孩子而言却不是，硬着头皮上学才是；在一场竞技比赛中，如果有人害怕"输"，紧张得不得了，那就是他的压力，对对手而言那是值得庆幸的好事。

所以，压力描述了一个人身心的分裂、失衡与阻塞状态，更多的是一种主观体验。

本书从应用的角度对压力做了诠释，身体与心理是一个完整的系统，内心的不平衡导致身体的不平衡，身体的不平衡也会引发心理的不平衡，当我们一部分的生命能量阻塞了，疾病就会由此而生。这里面有几个关键词：分裂、平衡、阻塞、能量。这些都是压力管理涉及的核心词汇，既是理论，也是方法。

身心分裂

身心分裂，不是精神分裂症，但它们之间却也有相似之处。

科普网站上是这样描述精神分裂症的："精神分裂症是一组病因未明的重型精神病，多在青壮年缓慢或亚急性起病，临床上往往表现为症状各异的综合征，涉及感知觉、思维、情感和行为等多方面的障碍以及精神活动的不协调。"这是精神病患者的一种症状，事实上，很多人与"精神分裂症"只有一步之遥。

定义里有个关键词叫"不协调"。这是身心分裂和精神分裂症的相似之处。从压力管理角度看，是什么带来的"不协调"？短时的失衡，比如加班，经过周末的休息就可以很快调整；如果是长期的加班，甚至在休假的时候还要带着电脑开电话视频会议，长此以往的不平衡就会固化——身体持续衰弱，总是态度消极，抑或过度自信，这种分裂的心态，是长期"身在曹营心在汉"的压力下导致的。有精神分裂症的人，多半已经在精神病院里，但是具有分裂心态的人，也许就在我们身边，却很难被发现，或者我们自己就是。

心理学用"认知、情绪、行为、意志"描述人的心理活动，当这些内容"不协调"的时候，就会出现"纠结"，出现分裂的心态，比如"为客户提供服务的时候，心里却一万个不愿意""在内心抵触中笑容满面地执行上级的任务""总是没有时间看自己想看的书产生的纠结"等。

阿明的业绩非常好，阿华却似乎只有当老二的命，但是去法国总部进修的机会却给了阿华。从此以后，阿明一蹶不振，抱怨连篇，肆意在各种场合诉说着自己"天妒英才"的不幸。事实上，公司的决定是客观的。阿华的英语很棒，加上良好的领导力，是提升为高管的不二人选。阿明正好相反，更适合做一个独立贡献者。但是阿明过度自信，总觉得自己无所不能，加上这次没能去国外学习，产生了严重的分裂心态。开始的时候只是晚上不容易入睡，睡得少，起得早，接着就是不爱说话了，从焦虑向抑郁逐渐变化。医生给他做了测试，并开了相关药物，大概半年后，阿明才好一点。又两年，他已经不能胜任工作了，以辞职结束了自己的"分裂心态"。

没有精神分裂症，不代表没有分裂心态。很多人有，不同时刻的个人也会有，只要是你在做着自己不喜欢的事就是身心分裂。分裂的心态，是压力下的一种表现，也是压力的一种原因。

身心平衡

身心平衡的样子——"身心合一"，源自于中国古代哲学思想。"一"为阴阳平衡的状态，在这个状态下，可以达到幸福的"心流"。我们经常听到有人说"心理不平衡"，那到底如何引起的不平衡，这个不平衡如何引发压力体验？下面我们从一个搬砖的例子开始讲起。

搬1块砖1元钱，从理想的角度看，搬的砖越多，挣的钱就越多。事实并非如此，有两个主要因素：体能和心情。

情况一：体能过剩，热情不够（力有余，而心不足）。

身体强壮，搬300块砖对我来说轻轻松松，但是我不喜欢这种搬砖的日子，对于每天的300元，我已经麻木了，并且也不能解决我在生活中的其他问题。这是一种"职业倦怠"的情况，也是一种典型的压力体验。虽然有人认为"职业倦怠"应该多从环境角度入手解决，但是"职业倦怠"的对象始终是自己，因为快乐的感觉始终要由自己创造。

弗罗伊登伯格在1974年提出职业倦怠，并给出了职业倦怠的三个阶段。

第一阶段是情感衰竭。刚接触一个新工作，都是很有热情的。时间久了，就会熟悉。随着能力提升就会得心应手，如果没有其他变化，日子久了，就会厌倦，没有活力，没有工作热情，感到自己的内心处于极度疲劳的状态。很多服务类的行业都是如此，比如"职业的微笑"；对于权力欲望很强的人而言，长期处在一个职位上，如果还没有升职机会，也会如此；婚姻中也是如此，繁杂的家务也会让很多家庭情感枯竭。总的来说，情感衰竭是职业倦怠的核心维度，有明显的症状表现：身体不正常的疲怠，明明不累，就是提不起力气；思维迟缓，得心应手的事情需要做很久，出错的概率增加；与团队成员的交流开始减少，有意躲避；因为没有价值感带来自信心下降。

第二阶段是去人格化。刻意躲避和工作的关系，即使有接触，也表现得冷漠、忽视，敷衍为主。面无表情地听着会议的发言，面对同事遇到的困难视而不见，遇到工作任务也不再追求完美了。即使没什么太多的工作，回到家后依然觉得很累，总喜欢躺在床上刷手机。晚上睡不着觉，在即将踏入办公室时心里莫名地产生一种压抑感。

第三阶段是无力感或低个人成就感。怀疑自己的能力并消极地评价自己，认为工作不但不能发挥自身才能，而且是枯燥无味的烦琐事务。对着电脑屏幕发呆，或者刚写了一页文稿就觉得颈椎很难受，心里憋闷，几乎是靠坚持在打字。经常借着喝水和去洗手间的理由消磨工作的时间，觉得一天的时间很漫长。周末一想到上班，就会有一种莫名的恐惧，脾气变大。

放眼职场，想想自己，是否遇到过或亲身体验过这种职业倦怠的感觉？如果你没有遇到过或体验过，恭喜你，继续热爱你的工作；如果你已经走了出来，同样恭喜你，相信你已经学会了调整的方法，记住它，遇到类似状况可以尝试继续使用这个调整的方法；如果你还身在其中，特别建议你从职业发展的角度好好审视一下自己的工作现状，或者干预现有的认知和归因，以缓解自己的压力，以免伤害自己的健康。

情况二：体能不够，热情足够（心有余，而力不足）。

如果一天搬 1 万块砖，岂不就是挣一万块钱了。想想可以，事实上你的体力是不允许的。就像销售的奖金不封顶，但是身体和精力不允许。每天加班、开会，身体就会承受不住，没有时间充电，大脑也会被掏空，即使你再有梦想和抱负，也会因此消耗自己的情绪体验；或者"眼高手低"，让身心不在一个频道上。从行为主义看，这是自信心被过度强化的结果。

从认知理论的文献看，人是过度自信的，尤其对自己的能力，往往系统性地高估自己。其实这是一种局限性的信念，过度自信也是对自己的信心赋予的权重大于事实的状态。我们这里不是否认过度自信所带来的乐观积极态度和"自我实现的预言"，而是想说明，过度自信往往带来松懈和盲目，一旦出错会给一个人带来更大的压力体验。比如，小李在成为培训师之前，一直在给企业做产品宣讲工作，认为自己的演讲能力公司第一，也因为这个原因，她被选拔为培训师。在她看来，只要把"演讲技巧"的PPT背熟就可以了。结果，第一次授课，她就被学员无情挑战了。所以，过度自信下的自我认知，会让你工作和生活中身心失衡，带来难以承受的压力体验。

当然，还有两种情况，体能不够，热情也不够；体能充足，热情也充足。也就是，我能力不够，能接受自己挣得少；或者虽然我加班，但是我喜欢结果的丰厚。这两种情况下都是身心平衡的。

无论怎样，身心过度失衡都会带来压力的激增，最终损害自身的健康。

身心阻塞

如果说，身心失衡是压力下的前奏，那么身心分裂就是压力下的高潮，身心阻塞就是前奏和高潮的部分音符，甚至是休止符。中医里就有一种类似说法：痛则不通，通则不痛。那什么是阻塞呢？简单说，就是"堵了"，例如血栓等疾病。如果一个人在天气很凉爽的时候，却会感觉到胸口闷闷的，堵着的感觉，就是一种"因为压力导致的情绪堵塞"。情绪堵塞常见的有：心结、堵心、压抑、想不通等。阻塞的结果有器质性的——身体的症状，也有非器质性的——心理的症状，而后者又往往是前者的主要诱因。

关于"能量"

为了把它诠释清楚，我们需要先理解"能量"这个概念。从物理学角度看，能量是物质运动转换的量度，简称"能"。世界万物总是在不断运动的，运动中产生的表现，如颜色、光等都是运动的结果，而衡量这个运动的量度就是"能量"。看不见，是它的本质；看得见，是它的表现。太阳光是温暖的，这是皮肤觉知告诉你的，但是你却看不见光在皮肤上的作用；紫外线是强烈的，灼伤后，你会看到皮肤的红肿，但你仍然看不见紫外线。所以，能量是存在的，可以感觉到，却看不见。能量既然是运动产生的，那么就一定需要有物质，爱因斯坦的方程式"$E=mc^2$"就是最好的解释。每个能，都会对应一种物质，光产生光能，瀑布产生势能，火产生热能等。凡是物质都会有能量，无论这个物质你是否能看得见。为什么看不见呢？这里面有个频率的问题。从太阳到皮肤，光走了8分钟，可见"光"的速度很快，也就是频率很快，振动的幅度很窄，所以你看不见；桌子，就在眼前，振动的幅度很宽，频率很低，低到你感觉不到，所以，你就看见了。

情绪是一种能量

人体也是如此。细胞组成了人体，运动中也会产生能量。比如跑步30分钟后，浑身发热，这是各种细胞组合运动的结果，带来了热能。运动会增加内啡肽的分泌，内啡肽也是一种物质，产生的内啡肽也是运动的，也会带来能量，就是欣快感。而压力会带来类固醇的分泌，当类固醇运动的时候，就会产生一种能量，就是抑郁感。轻松会产生健康的能量，人往往很兴奋，动力感很强；相反，压力会产生不好的能量，人的情绪会低落。要管理好压力所带来的不好的能量，同时也不要兴奋过度，过多的内啡肽，会导致无氧运动下的乳酸增多，进而产生痛感！

能量是转化的

根据热力学第一定律，我们知道：能量只能转化，不会消失。压力会带来一种情绪能量，这种能量不会消失，只会转化成另外一种形式。同时，情绪是喜欢不断流动的。从能量转化的角度看，能量就是不断转化的，不断流动的。这与情绪的好坏没有关系。喜悦的情绪会流遍全身，当你一身轻松的时候，从头发到脚趾头都是愉悦的，浑身有使不完的力量；悲伤的情绪也会流遍全身，当你悲伤的时候，浑身无力，精神萎靡，大脑反应迟钝。所以，压力情绪在流动中会对全身的器官产生影响。

但是，情绪，如果受阻就会反抗。一条河流，如果遇到大石头，或者河床，就会在原地打转，激起的水花，即是水流的能量所带来的。情绪也是如此，是流动的，不能停止；一旦受阻，也会激起"水花"。这个"水花"从外在表现看，就是身体的某个部位不舒服；从内在看，就是胸口闷、头胀，这就是情绪的反抗，反抗的结果就是"堵了"。但是，掘开河床或者搬开大石头，疏通开了，水流就会继续前行。

到这里，我们就可以深入地理解什么是身心阻塞了。首先是"心"阻塞了，感官刺激下（外/内），产生了一个想法，一个念头，变身为"想不通"。之后带来一种情绪能量，开始流动，如果遇到不容易流通的地方（比如身体比较脆弱的地方，每个人不同，有的人是头部，有的人是喉部，有的人是淋巴，有的人是胃或胆囊等），就会停留在那里，把能量转化为疼痛感、溃疡，抑或刺激变异细胞生长，这就是"身"阻塞了。

综上所述，压力带来的就是身心的失衡、分裂、阻塞。在前面我们提到，从狭义的角度看，人本身是不会生病的，但是压力会引起身心的不平衡，进而分裂，而阻塞在潜移默化中形成，才会慢慢滋生出各种疾病，这就是压力的危害。从压力管理的角度看，首先让你的情绪流动起来，也就是表达出来，如发泄；接着就是提高身心平衡的状态，量力而行。

有一次，大家在讨论"如何帮助大家提高谈判力"课程，项目组的成员就形成了两派：一派关注课程本身的意义，一派关注课程会给项目组带来的利益。前者是愉悦的，享受备课的快感；后者是抵触的，畅想的是年终的奖金。目的不同，结果肯定有偏差。想着如何把课程设计好，虽然也会加班，但是身心一致，不会那么纠结。如果想着自己的利益，那就会在加班的时候思考："这事值得我干吗？"时间久了就会失衡，接着就是抱怨，继而产生情绪流动下的分裂感觉。前者不是没有压力，而是能够让压力的情绪不断流动起来，减少阻塞；后者是让压力的情绪受阻、停滞，产生更大的障碍。前者在压力下，提升自己的能力；后者在压力下，增加更多抱怨。时间久了，前者会越干越顺手，工作的实效不言而喻。而后者恐怕只剩下美化年终总结PPT的精力了，与最初的畅想失之交臂。

总之，一句话，压力并不可怕，学会让情绪流动起来，才是首要任务；压力很容易解，平衡才是王道。

约翰·库蒂斯，是一位没有双腿的人生激励大师。有一次，他在体育馆里发表演讲，指着自己的腿说道："你们看看，我的残疾看得见。"之后，双手又指着大家问："你们的残疾在哪里？"当然，后面说的这个残疾是心理的残疾了。换句话说，几乎人人都有心理问题，只不过程度不同而已，有的看得见，有的看不见。看不见会发生什么问题？现实的规律是，自己有问题，又不知道自己有问题，就容易把问题投射给别人，投射给社会。比如，经常说别人小心眼儿、自私等，其实自己又何尝不是这样的人。《增广贤文》中说："来说是非者，必是是非人。"所以，凡事总觉得自己委屈是需要"反求诸己"的。

你是否发现，现在很多人选择逃避问题，而逃避问题，心灵就会永远停滞不前。过于逃避问题和痛苦，是人类心理困扰的根源。那该如何解决问题呢？直面问题，承担责任，我们的心智就会逐渐成熟。快乐幸福的人，不是没有痛苦，而是不被痛苦所左右。幸福的人，也许痛苦的总量比你还多。所以正确管理自己的压力，才会让心智逐渐成熟，随着心灵的成长，我们跨越障碍的能力就会提高，进而让自己快乐起来！这也再次提示压力管理的必要性和价值所在。

三、压力的防御机制

压力如气球，打气筒如同你对压力的控制，不同的人，控制的结果不同。心理学对此有很多经典的解释。

小孩子总是喜欢气球。当打气筒把空气注入气球的时候，看到鼓起的气球，孩子总是兴奋地喊着"再大点，再大点"，最后"砰"地爆了。而大人给气球充气时，总会留有余地，担心伤到孩子。虽然这是生活中一项小娱乐，但也会给我们很大的启发：大人和孩子的看法不同，控制能力不同，结果自然也不同。这就是压力下，人们的反应不同。工作也好，生活也罢，如果真的有大事情，倒是简单了，你知道压力很大，会安慰自己，你会抓大放小，你会学习放松以恢复自己的战斗力。但是琐事才是家常便饭，往往你就不自知了：把压力当成烦恼，不知道从哪里入手，绷紧的神经总是不能松弛。因此累积的小压力事件更值得我们重视。

弗洛伊德提出了"本我、自我、超我"的人格理论。本我，总会有一种冲动，驱动身体做出反应，这是内部刺激。但是，超我不允许某些冲动的出现，会压制本我，这是外部刺激。两者抗争的冲突下，就带给人压力和焦虑，为了很好地处理这两者的关系，自我，就需要协调这两者之间的关系，以减少压力和焦虑的出现，这个过程也可以说是一种"防御机制"。

我们来看"路怒症"。对方想超车，你不让，于是剐蹭了。在停车等警察到来的时候，两个人总会有言语上的指责。本来就要迟到了，你怒火冲天，握紧拳头，恨不得打得他满地找牙才痛快，这是本我；但是在意识中，你知道，这是不道德的，如果你打伤了对方，也会受到法律制裁的，这是超我的约束；最后，你决定，回到车里等警察的到来，让警察狠狠地罚他，这就是自我的协调。但是每个人自我的协调方式是不同的，也就是说对压力的处理方式是不同的，这就是防御机制不同带来的结果。

从压力角度看，人们常用的防御机制有：否认、压抑、替代、投射、合理化、幽默等。这些防御机制不是孤立存在的，通常是多个同时运用。

孩子打碎花瓶，担心妈妈打屁股，就会否认花瓶是自己打碎的；丈夫醉酒，担心被妻子数落，会说是需要应酬领导而不得不喝的。这是"否认"的防御机制。具有这种认为自己是清白的想法，在面对压力的时候，就会否认压力存在的事实；当承受不住的时候，就会用"命运不公平"的想法为自己开脱，或者"压抑"自己的想法，用自己的意识压制自己压力大的想法。但是潜意识是不会忘记的，压抑是暂时的，总会爆发。其表现为：有的人回家后，对着家人发飙，这就是"替代"；有的人，会把压力归咎于"老板就是看我不顺眼"，这就是"投射"；当然，有的人也会把压力看作是自己能力提升的一个途径，这就是"合理化"；"幽默"也会帮助处理一个人的压力感受，"干好了不会，干坏了我拿手"，以减低自己的压力状态。尽管防御机制是一种伪装，却也是一种保护。如果自我没有保护，让本我随意地发泄，就会受到伤害。比如说"老子我不干了"，你可能会错失很多机会，或者伤害你的人际关系和既得利益。保护是需要的，但是如果过度保护了，也会是一种压力。比如过度压抑自己，就会消耗自己的能量。职场上有一种"老好人"，当他突然生大病的时候，也许就是长期压抑的结果。如果是过度的"投射""合理化"，那就会形成"孔乙己""祥林嫂"一样的思维。

意识层面，对压力采取的是"理性思维"，这种思考是有限度的。比如时间管理工具有个象限法，当你知道"项目宣传稿"是今天紧急而重要的事情，"辅导绩效问题员工"可以放在次日进行，但是你还是选择了"先辅导"。为什么？因为对于"项目宣传稿"，你能力不够，不知道如何着手，同时，你也知道，写得再好，也不会对你有什么特别的好处。这是"个体无意识"的作用下驱使你的感觉，感知上的不想写，但是不写就不能完成上司的任务。从"集体无意识"的角度，要"拿人钱财，替人分忧"，在这种冲突、紧张状态下，就会产生压力感。这里面隐含着一个自我驱动和自我实现的过程，如果你擅长写稿件，"项目宣传稿"自然不是压力，但是，你选择的是"先辅导"，因为这个是可以提升你"权力感"的事情。如果你能够了解这个道理，进行自我剖析，就会让你的意识和无意识开始平衡，自然就会减少压力的紧张感。

随着心理学的发展，人们对压力的研究也开始从多个角度进行。一个人面对死亡的压力，比如癌症，从开始的否认，不相信这是真的——"怎么会是我？"，到愤怒——"为什么是我？"的声嘶力竭，再到商讨——"向天再借五百年"，接着就是抑郁——"已经这样了"，最后，就是接受，开始学会面对即将到来的死亡。

这是一个从不适应的悲伤阶段到适应后的洒脱阶段。里面包含了一个关键点，就是接受不能改变的，这也是无条件快乐的基础。因此，压力面前，如果不接受，或者逃避，就会痛苦；反之，接受了，内心就会相对平衡、平静。不同的人，对压力事实的态度不同，有的接受，有的不接受，结果自然也就不同。接受了，并不是盲目的乐观，而是维克多·弗兰克尔所描述的"悲惨的乐观"，在恶劣的环境下找到如同塞利格曼所描述的幸福的维度之一"意义"。从中国的哲学角度看，凡事都是阴阳两个层面。"人无千日好，花无百日红"，任何事情都会有一定的限度的。如果能随时看到事情的两面性，那么一切担忧和焦虑的背后，其实就是对放松和舒缓的期待。何不用这放松和舒缓去发现更有意义的价值，在实现价值的时候，用爱的力量去获得自尊和自信，向着马斯洛的"自我实现"努力。

从心理学的角度，我们看到了每个人面对压力的看法不同，也正是这些不同，使我们获得了不同的苦乐观。这个苦乐观会继续影响我们对其他事情的看法，如此循环往复。所谓的看法，可以从积极角度，也可以从消极角度，这是一个人的选择。"阿信"（日本电视剧《阿信》的主人公）是前者，"祥林嫂"是后者。想法每天都有，有的研究说人的一天至少会有 4000～10000 个想法，很多都消失了。但是，从脑科学的角度看，一个想法会引起成千上万的神经连接，这个连接是不断重复的，很容易固化，并形成记忆。从生理学角度看，任何的神经运动，都会引起激素的变化，也就是能量的变化。积极的情绪，是流动的，但是消极的情绪是阻塞的，是否会对健康产生伤害，又要看你的复原力，也就是"转"的能力。有的人拿得起放得下，有的人穷尽一生都不能改变，这就是压力下不同反应的结果。

因此，压力的防御机制是一种自我保护的结果，合理的防御减少压力带来的伤害，如果过度了反而会加重压力的存在。

本节从压力的定义入手，揭示了压力的本质：主观体验下的身心失衡、分裂、阻塞。这种体验下，会有很多表现，无论是什么样的表现，最终都会影响到一个人的健康和幸福。由于每个人的心理境遇不同，比如本我和自我的关系，集体无意识的获取等，都会影响一个人对于压力的自我调控。

那么如何调控呢？我们接下来会从理念上入手，从善待压力、压力边界等角度阐述。

第三节　分类压力

在前面我们提到，对压力的定义涉及多个领域，如果每个领域都给出一种分类方法，一套解决方案，本身就是一种压力。由此，有必要对压力的类型进行简化，让处理方式简单，这样才能让有压力感的人愿意尝试解决自己的问题。本节也将会从这个角度尝试对压力进行分类，并提出具有操作性的九大压力管理技能。

一、常见压力来源与应对态度

现代人生活得很疲惫，压力很大。压力来自于哪里呢？大家普遍的看法是现代人的压力主要来自两个方面：一是工作方面，二是家庭方面。

来自工作方面的压力：

1. 工作条件：超时超量，不安全，多变，常出差。

2. 工作角色：角色不稳定，处于矛盾之中。

3. 人际关系：缺乏支持和关心，到处是竞争和嫉妒。

4. 职业发展：职位变化，发展前途、理想受挫。

5. 组织结构：僵化、矛盾，监督不足或训练不足，不能参与决策。

6. 家庭和工作相互影响：抚养孩子或赡养老人，缺乏理解和支持，婚姻矛盾。

来自家庭方面的压力：

1. 单身和恋爱：孤独、困惑、犹豫不决。

2. 结婚：经济压力、家庭关系的压力。

3. 孩子出生：抚养的压力。

4. 子女教育：意见分歧，教育方法不同。

5. 家庭中的矛盾：缺少沟通，情感控制。

6. 分居或离婚：家庭暴力和虐待。

面对压力的态度，人们也各不相同。依照沃特·谢弗尔的划分方法，划分出6种面对压力的态度。

1. 良性压力寻求者：在挑战、冒险和激情的环境中发展。

2. 良性压力逃避者：在安全和亲密环境中发展，逃避挑战、激情和冒险的环境。

3. 不良压力寻求者：在不幸、疾病、危机和牺牲中发展。

4. 不良压力逃避者：在健康、满足和参与的环境中发展，他们尽自己所能避开不良压力来减少焦虑。

5. 不良压力诱发者：在有意或无意地给别人制造痛苦、不和谐、疾病或烦恼中发展。

6. 不良压力消除者：尽可能为他们所接触的人增进健康、幸福，并在这一过程中得以成长。

虽然划分了6种面对压力的态度，没有人完全是其中一种，往往是混合的，下面的练习可以让你反思一下自己面对压力的态度（见表1-2）。

表 1-2

面对压力的态度	自我运用频率		
	很多	有些	很少
良性压力寻求者			
良性压力逃避者			
不良压力寻求者			
不良压力逃避者			
不良压力诱发者			
不良压力消除者			

做完练习后，可以对比之前的"雨中的你"测试，看看其中有哪些相似的地方，进而思考一下自己的心智模式。

这是压力管理中常见的分类模式与应对态度，毕竟压力是综合性的主观体验，分类过细容易使处理方式变得复杂，如果过于简单，处理方式又不容易寻找。下面从压力产生以及发展变化的角度，尝试对压力进行分类和整合，为更好地缓解压力做一个铺垫。

二、压力的三个阶段

任何复杂的事物一旦分类、具体化，就变得简单了。压力也不例外，分而治之，一些压力事件就会变得好理解和应对了。我们常说人生有三件事：自己的事，别人的事，老天爷的事。我们应该把焦点多放在自己的事上，也许很多事情都会变得简单。

生命本身就是一个新陈代谢的过程。我们常把人体的新陈代谢分成三个阶段：摄入，消化，排泄。只有三个阶段都能正常工作，人体才能健康。同样，压力从产生到消失，也可以说是一种新陈代谢的过程。

摄入阶段，可以称之为压力进口，如堆积如山的文件，他人不太友好的言语，资金周转等，一旦不在源头加以控制，任其放纵，就会让压力源进入我们的身体。

消化阶段，可以称之为压力转化。如何看待小山一样的文件，他人的恶语相向，即将到期的贷款等，如果没有一个合适的心智模式，就会出现消化不良的状态，让压力源影响自己的生活。

排泄阶段，可以称之为压力出口。如加班处理文件带来的焦虑，被语言攻击后的愤怒，贷款到期时却还不上的忧愁等，都需要通过一个健康的途径化解，不然就会被情绪的能量所左右，做出反常的行为。

我们常说要开源节流，这样可以增加收入，节省开支。但在压力管理层面，正好相反，要做到节源开流，减少压力源的产生和进入（摄入阶段），增加压力的宣泄排出（排泄阶段），中间过程保证畅通（消化阶段）。

1. 压力进口（摄入阶段）

我们常说"病从口入"，这是说我们吃了很多看得见的东西而生病，这是身体层面的逻辑。我们先看病从口入的身体层面。一日三餐吃什么，怎么吃，吃多少都决定了人的健康程度。为此，很多健康营养书提供了饮食结构标准，指导人们正常饮食，大原则是摄入健康食物，减少高热量食物，少吃垃圾食物，远离有毒食物，控制摄入的总量等。

我们也说"病由心生"，这是说我们的心理"吃"了很多看不见的东西而生病，这是心理层面的逻辑。整体原则是多"吃"快乐、愉悦、高兴、开心的东西，但是也不能太多，毕竟会有"喜极而泣"的现象。生气、着急、发脾气、看不惯等都是心理的垃圾食品，要远离。

疾病，就是因为我们摄入的东西所导致的。我们每天都在摄取两样东西：一样是口入有形的五谷杂粮，一样是心生无形的七情六欲。当然无形的七情六欲就是我们说的各类压力源。在压力源的进口阶段，也就是"病从口入"的阶段，由于现代社会的飞速发展，各类信息极度超载。饮料瓶上有关于饮品的一切说明，但是里面几乎承载了一个企业的所有信息，如果按照这些内容选择饮品，加上饮料品类之多，需要花费更多时间做出选择，而很久以前的饮料瓶说明却是寥寥几笔。这是生活中的一个缩影，如果放眼互联网，在信息的选择方面更是难上加难。在工作中，因为每个人都处于信息过载的环境，决策的内容也是五花八门，变化多端的工作形式，日益复杂的沟通模式让你应接不暇。我们经常在同一时间多任务工作，身心状态严重过载卡顿，同时，这些内容对每个人的影响也是五花八门。当你面对的时候，难免衍生出以个人价值观为指导的"七情六欲"，也就是"病由心生"的阶段，所以有必要在七情六欲总量上控制，比如放下手机，闭目养神；减少垃圾或者有毒压力源的摄入，放下或舍去一些不切实际的欲望和杂念，或者过高的标准等。

我们所处的现代社会，温饱问题等压力源已经不再是第一位的，竞争严峻，如从幼儿园开始就提出不能输在起跑线上的口号，职场的绩效排名等，给我们制造了你争我赶的竞争气氛，才是第一位的压力源。这些压力源的产生主要来自"心生"，因此，我们应该从进口有效控制压力的摄入。

2. 压力转化（消化阶段）

吃了的食物进入胃肠道开始消化吸收，人的消化器官把食物变成可以被机体吸收养料的过程——食物中的淀粉、蛋白质、脂肪等大分子物质，在消化酶作用下转变成能溶于水的小分子物质的过程，叫作消化。如果从冰箱里拿出冷饮直接饮用，也许胃部因为承载不了温差，导致胃肠道感冒，过多的胃酸以气体形式排出的时候，会伤及喉部。所以，消化的良好进程也决定了一个人的健康状态。

同理，在压力管理中对应的也是把各类压力事件在心智模式下分解处理的过程，我们称之为压力转化的过程。比如把大的压力事件分解转化为几个小压力事件，增加弹性以缓冲压力，减少压力对身心的伤害；把负面情绪转化为正面情绪；把压力损伤转化为正常状态，也就是提升修复能力等。我们也可以将压力转化理解为压力的身心调节能力。调节能力强的人，有更多能力转化各类压力烦恼，增强抗压能力。

有些压力可以在进口处控制，有些压力则需要在抵达身心的时候控制，如临时增加的项目任务、晋升失败、客户订单丢失、上级的指责、家人的不关心等都可以成为压力的进口，关键在于如何转化这些内容，比如通过时间管理协调新增内容的计划，把晋升失败看作一次成长的历程，放下包袱寻找新的订单，淡化指责的语言，理解不关心背后的原因等。但是往往我们在转化的时候，会用负向的心智模式看待进入身体的压力，当引发激烈的情绪体验的时候，不但没有缓解压力，反而加剧压力的程度，带来更重的身心损失。所以，转化的能力在概念上很简单，但是操作上需要通过不断练习固化转化技能，以形成条件反射才能更好地应对。

3. 压力出口（排泄阶段）

消化阶段之后主要就是排泄阶段，也就是对应的压力出口阶段。我们重点来看一下大便。请问大便何时排出最佳呢？答案是早晨，这是人体的自然节律，当然也会有不符合节律的时候，比如几天才排一次，或者很久都排不出，这是便秘。

宣泄和排泄对应，那么压力情绪"大便"何时排出最佳呢？答案是睡前，很多人就是因为睡前没有及时宣泄完压力和情绪而导致睡眠障碍。是不是还有很多人常说"我都忍了你很久了"，这不就是压力情绪"便秘"

很久了吗？便秘的伤害大家应该能够认识到。是不是还有人说"我忍无可忍了"，然后就冲动出手了呢？这就是压力情绪"随地大小便"的结果。

在"压力出口"这个阶段，压力情绪主要是需要被宣泄释放，充分表达出来。在之前描述本书"压力"定义——"身心阻塞"时已经指出，情绪是一种能量，是可以流动的，也可以被阻塞的。当因为压力事件不能很好自我调节的时候，就会通过情绪状态进行自我保护，此时感性认识大于理性认识，也就是说把决策的权力交给情绪，如果是悲伤、愤怒、压抑等情绪做决策，自然就是悲伤、愤怒、压抑等的行为。比如因为愤怒在会议室里拍桌子，摔门而去。如果愤怒的情绪持续存在，就会以能量聚集的方式停留在身体的某个部位。如果能够卸掉愤怒的情绪，愤怒的能量就会在流动的时候逐渐消亡，减少对身体的损害。

同时也要适当去共情他人的压力情绪。当人们压力情绪过大的时候，需要给予适当的支持，这里说的支持包括自我支持和他人支持。还要学会在这个阶段升华表达压力情绪的能力，即变压力为动力，也称为"变废为宝"。

按照进口、转化、出口描述压力的三个阶段，目的在于简化对压力类型的区分，同时对比人体新陈代谢的三个过程，也体现了身心合一的人体自然规律。把某事件视为压力，比如看到盛饭的碗里有一个黑点，如果觉得怎么那么倒霉，这就是一种压力摄入，如果不视为压力，就是在进口处控制压力的产生。大多数人很难达到"超然物外"的境界，压力总会产生，心智模式会帮助人分解。同样是那个碗里的黑点，有的人洗过之后就开心了，有的人恨不得把它扔了，这就是在转化中控制压力的过程。假如因为黑点扔了这个碗，你舒畅了心情，好好吃饭，说明你知道宣泄的重要；但是你依然处于倒霉的状态，进而影响了吃饭的情绪，也许你要注意对出口的管理。对进口的管理，是最重要的，但是转化和出口的管理同样不可小觑。

三、压力管理的三个途径

压力从产生到宣泄，经历了三个阶段，在每个阶段我们该如何管理呢？同样可以简化为三个途径：自助、他助、天助。

1. 自助——个人应变

"自助"，就是自力更生的意思，问题的解决首先来自于自己本身。"求人不如求己"，不是说就不和别人合作了，而是说，先从自身努力开始。当一个人做事遵循自然规律的时候，就是符合天道，就好比火车在轨道上行驶，自然会得到最好的引导。在困难面前，自我奋斗是不变的主题，"天行健，君子以自强不息"，这就是"天助自助者"。压力管理也是如此，也就是本书中说的"自助"——个人应变。很多压力的产生来自于自己的"想""念头""价值观"等，同时，改变又是自内而外的，他人的力量是有限的。压力烦恼的解决，无论专家怎么教你，最终还是需要你自己去面对的。比如，教练教你游泳的理论，无论学得如何，入水实操你还是主角。日本喜剧演员、作家岛田洋七在《游泳不是靠泳裤》一书中表达的正是这种自主自助的乐天精神。

自助，有个前提，就是保持自己的身心合一。如果带着不良情绪去解决问题，会起反作用。你心里不爽，堵得慌，这时候让你去处理一个项目，也会滋生出愤怒。因此，自我内在的和谐是关键。自我内在的和谐也与自我身份相关，角色不同，心态也就不一样。书中会通过一些技巧，告诉大家如何在三个阶段保持自我身心的和谐。

2. 他助——他人支持

遇到了困难，自己无能为力的时候，应该寻求帮助，这是人脉积累的一个过程。俗话说：在家靠父母，在外靠朋友。谁是你的朋友呢？或者说，在你有了困难的时候，对方为什么出手帮你？压力缓解，离不开知心人的倾诉和协助。房贷导致周转不灵，如果有十万的借款就能渡过难关，减少压力，谁会帮你呢？被老板骂了一顿，不开心，哪个同事此刻愿意为你分忧解难呢？工作中遇到了力所不能及的项目，谁会帮你梳理一下逻辑呢？

《信仰的力量》作者路易士·宾斯托克在书中提到这样一个故事。一天，一个贫穷的小男孩为了攒够学费正挨家挨户地推销商品。劳累了一整天的他此时感到十分饥饿，但摸遍全身，却只有一角钱。怎么办呢？他决定向下一户人家讨口饭吃。当一位美丽的年轻女子打开房门的时候，这个小男孩却有点不知所措了。他没有要饭，只乞求给他一口水喝。这位女子看到他很饥饿的样子，就拿了一大杯牛奶给他。男孩慢慢地喝完牛奶，问道："我应该付多少钱？"年轻女子回答道："一分钱也不用付。妈妈教导我们，施以爱心，不图回报。"男孩说："那么，就请接受我由衷的感谢吧！"说完男孩离开了这户人家。此时，他感到自己浑身是劲儿，那种男子汉的豪气像山洪一样迸发出来。其实，男孩本来是打算退学的。数年之后，那位年轻女子得了一种罕见的重病，当地的医生对此束手无策。最后，她被转到大城市医治，由专家会诊治疗。当年的那个小男孩如今已是大名鼎鼎的霍华德·凯利医生了，他也参与了医治方案的制订。当看到病历上所写的病人的来历时，一个奇怪的念头霎时间闪过他的脑际。他马上起身直奔病房。来到病房，凯利医生一眼就认出床上躺着的病人就是那位曾帮助过他的恩人。他回到自己的办公室，决心一定要竭尽所能来治好恩人的病。从那天起，他就特别地关照这个病人。经过艰辛努力，手术成功了。凯利医生要求把医药费通知单送到他那里，在通知单的旁边，他签了字。当医药费通知单送到这位特殊的病人手中时，她不敢看，因为她确信，治病的费用将会花去她的全部家当。最后，她还是鼓起勇气，翻开了医药费通知单，旁边的那行小字引起了她的注意，她不禁轻声读了出来：

"医药费——一满杯牛奶。霍华德·凯利医生。"宾斯托克指出，这个故事颇具传奇色彩，但是它告诉了我们一个生活中最朴素的道理：热心帮助别人，你才可能在需要的时候，得到别人的帮助。

平日的人脉都是一种压力管理的资源。而这个人脉资源也就是你的支持系统，支持系统是否给力，有赖于平时的搭建和维护，避免"'人'到用时方恨少"的尴尬。而搭建支持系统要靠平时为人处世"世事洞察和人情练达"。

3. 天助——初心使命

这里的"天"并不是额外一种力量，只是自己的初心，自然原始的力量。"天"是什么？自然规律，原本的样子。"天助"，所表达的概念是顺势而为。这里的"势"是自然规律的力量，不要误读为有了压力不管它，任凭放纵，那就会起了反作用。这里的天助是指在压力状态下去伪存真，回归初心，回归本来的平静状态。天助，不是消极怠工，而是回归初心，去除杂念，专注地做事，用更积极的正能量心态，从人生使命的角度去面对。

在昆虫中，跳蚤可能是最擅跳的了，它可以跳到自己身高的几万倍的高度。

为什么会这样呢？带着这个问题，一个大学教授开始了他的研究。可是他研究了一整天，都没有找到答案。

第一天下班的时候，教授用一个高 1 米的玻璃罩罩着这只跳蚤以防它逃跑。就在那天晚上，跳蚤为了能跳出玻璃罩，就跳啊跳啊，可是无论它怎样努力，无论它怎么跳，都在跳到 1 米高的时候，就被玻璃罩挡了下来。

第二天，教授上班取下玻璃罩，惊奇地发现，这只跳蚤只能跳 1 米高了。于是他来了兴趣。

第二天下班时，教授用了一个 50 厘米高的玻璃罩罩着跳蚤，第三天，教授发现跳蚤只能跳 50 厘米的高度；晚上，教授又用 20 厘米高的玻璃罩罩着跳蚤，第四天，跳蚤跳的高度又降为 20 厘米。到了第四天下班时，教授干脆用一块玻璃板压着跳蚤，只让跳蚤能在玻璃板下面爬行。果然，到了第五天，跳蚤再也不能跳了，只能在桌面上爬行。

可就在这个时候，教授不小心，打翻了桌上的酒精灯，酒精洒在了桌上，火也慢慢地向跳蚤爬的地方蔓延。奇迹出现了，就在火快要烧着跳蚤的一瞬间，跳蚤猛地一跳，又跳到了最开始的超过它身体几万倍的高度。

人的潜力就像这跳蚤的弹跳力一样，发挥出来时也是惊人的。

在其上方压上透明玻璃板，跳蚤就变成"爬蚤"，行动的欲望和潜能被压力困境扼杀了，我们把这种现象叫作"自我设限"。困境和挫折绝非人们祈求的，因为它给人带来的心理上的压力和焦虑是十分痛苦的。但善于自救者，却能把这种情绪升华为一种力量，引导自己向正能量发展，也就是把玻璃板去掉，从而解放初心，回到做事的正常轨道上来。我们要相信自己，并自我激励，创造自己的美好人生。

因此，自助是前提，他助是纽带，天助是使命。

四、压力管理的九大技能

压力的三个阶段，是为了让大家更好地理解压力从产生到宣泄的过程；压力管理的三个途径，是告诉大家无论什么形式的压力，我们都有对应的解决之道。通过把压力的三阶段和压力管理的三个途径进行匹配，就形成了压力管理的九大技能。

无论是压力的进口、转化，还是出口阶段，"自助"是第一位的。如果"自助"后效果没有达到预期，可以通过"他助"的途径。如果"自助"和"他助"仍然没有达到预期，那么请回到"天助"——使命的层面。

在压力进口阶段的管理中，通过"做自主者"控制压力的总量，必要时候可以寻求支持，区分"压力界限"，帮助你控制压力的总量，在"过滤杂念"的环节中回到"使命初心"，减少压力源的干扰。

在压力转化阶段的管理中，用"增加弹性"的方式，缓解已经存在的压力的冲击，借助多种手段对压力的影响尝试"修复"以调节身心，采用"一念心转"的模式快速回归到身心初始的状态。

在压力出口阶段的管理中，对压力产生的症状，学会用"宣泄"的方法处理，不要忘记人是社会化的，"支持系统"是一个有效的工具，协助你增强控制压力的能力，借助"初心"的力量把"压力转为动力"，经营自己一个成熟的人生。

下面逐一学习如何在每一个阶段去正确应对。你可以每一章逐字读下去，也可以根据本章压力的三个阶段，判断自己的压力状态，有选择地阅读。就让我们一起带着你能找到的压力源，亲身实践一下吧！

第二章

压力进口

第一节　做自主者（管理压力进口：自助）

压力无处不在，但压力管理的目的不是左右压力源的存在与否，而是当压力源出现的时候，如何控制其不产生压力和影响，如同不吃腐烂的水果以免产生消化问题。因此，我们需要建立正确的苦乐观，视压力为正常事件，并能区分出不必要的压力源，把关注点放在自己身上。

一、正确的苦乐观

所谓苦乐观，也就是看待压力的态度与处理方式。这是对压力大小的态度——是否压力大不好，压力小就好。也是对压力强度采取的处理方式——是否对抗就好。每个人都有不同的特点，不同的人格对待压力的态度和处理方式不同，是否也有好坏之分。下面就逐一阐释。

1. 压力越小越好吗？

也许有人会说，要是没有压力该多好呀！诚然，你也知道这是不可能的。于生命而言，如果没有血压，也就没有生命了；如果人真的一点压力都没有，就会丧失斗志。所以，不要企图让自己没有压力，这种假设要不得。

假如一个人已经财富自由了，可以随意旅行，随意潇洒，感觉不到任何压力了，你觉得这个人会快乐吗？一开始可能很快乐，但时间久了，不但不会快乐，反而会更加苦恼。正如哲学大师叔本华所言："生活的艰辛和匮乏产生出了痛苦，而丰裕和安定就产生无聊。因此，我们看见低下的劳动阶层与匮乏——亦即痛苦，进行着永恒的斗争，而有钱的上流社会却旷日持久地与无聊进行一场堪称绝望的搏斗。"所以，不要被一时轻松的喜悦迷惑了自己。基于这一点的探究，我们可以通过图2-1所示的"耶基斯—多德森定律"来了解。

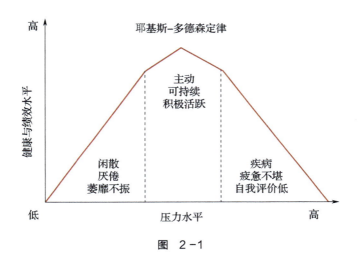

图 2-1

最开始，耶基斯—多德森定律用来解释工作积极性和动机之间的关系，后来，人们把它延伸到压力与健康的关系上。从曲线上可以看到，压力过小或过大时健康和绩效未必理想。当然，每个人对压力大小的解读都是不同的，曲线只是一个参考，每个人在这个曲线上都会有一个适中的点，而这个点在哪里，则因人而异。

感觉剥夺实验

压力绩效曲线更多是从任务的角度描述压力的大小对人的影响，而感觉剥夺实验，更是直接从状态的角度描述了压力对人的影响。

第一个以人为被试者的感觉剥夺实验是由贝克斯顿（Bexton）、赫伦（Heron）、斯科特（Scott）于1954年在加拿大的一所大学的实验室进行的。被试者是自愿报名的大学生，报酬是每天20美元（当时大学生打工一般每小时可以挣50美分，所以20美元在当时是很丰厚的报酬），因此被试者是极其愿意参加实验的。实验的内容很简单，被试者每天要做的事是躺在一间小屋的床上，24小时，微光，多久都可以（只要他愿意或者坚持）。但是严格控制被试者的感觉输入，比如戴上眼罩、手套、耳罩，限制视觉和触觉、听觉。开始大家以为可以有时间休息一下，毕竟之前的学业太重，现在有钱又有闲，多好。但是，有的被试者，不到一天就坚持不了了，其他的被试者也因为忍受不了，而逐渐走出那个小黑屋。后来他们反馈说，本以为可以放松，结果对任何事情都不能清晰地思考，注意力也不能集中了，被试者中有50%反馈第三天的时候开始产生幻觉，主要是视幻觉，个别出现了听幻觉或触幻觉。

所以，做任何事情，时间一长，人就会感觉到厌恶，即使是人们渴望已久的轻松，无所事事最终都会演变成一种超级无聊，导致无法忍受。我们真的不要被一时的放松感觉所欺骗，我们离不开压力的，没有压力并不是一件好事情。

如果一个人长期处在无所事事的状态，就会体验到类似剥夺实验的情境。如果对于压力小的事情——当然压力的大小由你自己决定，随着压力的增加，绩效和健康水平，都会增加，就好比流水线上的工人，当学会了如何装配工作，就会得心应手，但是如果任务量超过了负荷后，就开始感到疲惫，日子久了就会产生职业倦怠。就像职业微笑，一天对几个人笑没问题，如果是上百人呢？所以，对于压力小的事件而言，如果压力太小，太简单，人就会闲散、厌倦、萎靡不振；如果压力太大，比如任务量过重或持续时间过长，也会降低自我评价与内驱动力；如果是压力特别大的事件，可能直接就会让你丧失自信心，比如跨行业的项目交给了你，你会瞬间感觉压力巨大。也就是说清闲时感到无聊，工作忙时压力又太大。

首先，我们通过两个案例来进一步体察压力变化带来生活上的改变。

案例一： 在某家企业里，有一位主管市场的领导老王最近一直面临着身体不适和心理困惑的双重考验。

在做部门一把手的时候，老王每天都要忙着处理很多工作上的繁杂事务，从早忙到晚可谓家常便饭。但是，尽管忙得要命，身体却从没有过什么不适。后来，由于年龄大了的原因，他退居二线了。他很高兴，觉得自己忙了这么多年，终于能好好休息一下，享享福了。然而令他没想到的是，自己闲下来后，开始觉得不知所措了。整天一个人待着难受，想找点事情做又不知道做什么才好。老王非常不适应这种状态，反倒觉得这样的日子实在太压抑了。后来，这种不适应感甚至蔓延到了身体，各种疾病接连造访，整个人看上去一点精神都没有，有时还会整宿整宿地失眠。这样看来，一个人若是整天百无聊赖地待着，没有了压力，闲也能闲出病来。那么，如果压力突然增加会怎么样呢？答案是：也会让人吃不消。

案例二： 领导老杨，在公司副总经理的位置上干了好多年，后来，在一次职位变动中，他被提拔成了总经理。这令他非常兴奋，周围的朋友、同事也都纷纷为他祝贺。热闹过后，当他踌躇满志地开始工作时，一种莫名的压力却扑面而来。所有的担子都压在了他的肩上，繁忙又琐碎的工作压得他每天喘不过气来。

在做副总经理的时候，老杨的工作主要是协助总经理。那时，他觉得总经理实在是太好当了。有时，他甚至觉得若是让自己来坐这个位置一定比总经理做得更出色。然而，现在真的坐上这个位置，拥有绝对的权力了，他反倒不适应了。正所谓：不在其位，不谋其事；不谋其事，不知其中之苦辣酸甜。

两个案例都在说明，其实，压力事件无论大小，都会有一个折中的点，在这个点上，压力适中，人的健康和绩效也是最佳的。这也是我们管理压力的过程中要达到的理想状态。

关于压力，我们再从语言学上来认知一下。从词性的角度看，压力是贬义词还是褒义词呢？有人说压力是个"贬义词"，毕竟压力下导致的某些感受确实会让你不舒服；也有的人认为是"褒义词"，认为有了压力才有动力，听起来这心态是好的，但是过大的压力又会产生负面效应，动力变成了阻力。如果大家稍微冷静下来，就不难发现，压力其实是个"中性词"，在理性层面根本没有好坏之分。

所以，压力不是大和小的问题，而是我们绝大多数人在感性层面把压力当成贬义词，由中性词到贬义词的落差大小才是我们压力感受的主要影响因素。

2. 压力的待客之道

我们尝试来做个游戏，你可以找你的朋友、家人或者同事来进行。我们用 A 和 B 来代表你和另一个人。A 和 B 面对面站在一起，相距 1 米，伸开双手，两人掌心接触相对，然后，请 A 单方面用力推 B，这时候 B 是什么反应？B 一般是对抗的，如果 B 比 A 力气还要大，也许 A 在反作用力的对抗下，会后退。继续保持初始的姿势，A 主动伸出右手，和对方握握手，热情一些，B 会怎么样呢？B 几乎都会和 A 主动热情地回握。

这是我们日常生活中很简单的两个行为，会给我们什么启示呢？

B 在被 A 推动的时候会本能地反抗，好像一个不好惹的人一样；而友好握手的时候，也会本能地回应，似乎 B 一直都是好人。也就是说，是我们自己一直在找一个不好惹的好人。这是不是就像我们在面对压力烦恼时候的态度？A 就是生活中的你，B 就相当于你所面对的压力。当你与压力对抗的时候，压力就会本能地反抗，越是抗拒，压力也就会越大。一个文案也许你不想做，于是你就拖延，可是离老板要求的截止日期越来越近了，此时压力更大；该还房贷了，可是最近资金周转困难，于是购物发泄一下，回到家后，更烦了，因为现金又少了。反之，当你和压力握手的时候，压力也会卸下它虚伪的外表，和你共舞，助你一臂之力。还是那个文案，如果你提前想一想如何做，事先准备了资料，就不用担心完不成任务了；房贷在即，告诉自己省一点，积少成多，就不会那么烦恼了！

A 还是 A，B 还是 B，但是 A 对 B 采取不同的态度，就会有不同的结果走向。为什么 A 对 B 的态度会有不同呢？如果从行为角度看，有的人是压力易感型的，有的人是压力耐受型的。例如"急匆匆"办事风格的人也被称之为 A 型人格，这种行事风格的人，永远是不停歇地努力完成高强度的工作，如果不能超过预期就不会有成就感，缺乏耐心，容易急躁，甚至是容易愤怒。

总之，每个人都会有自己独特的行为表现，尤其是面对压力烦恼的时候，当你发现某些行为无效，或者某些行为仍然不能改变压力烦恼，甚至是加重的时候，要学会调整自己的行为，更要透视行为的背后是什么，也就是从你的观念认知上去调整。压力从来就不是问题，因为你怎么对它，它就怎么对你，这就是压力的待客之道。

3. ABC 型人格测试

下面简要介绍一种有代表性的压力人格测试——ABC 型人格测试，以便于我们在面对压力时可以进行自我调整。

注意：请凭借你的第一直觉作答。

测试开始

（1）在工作中你非常卖力，希望得到领导的认可，并且希望得到晋升。
是的：1 分
还可以：2 分
不是：3 分

（2）下面图片给你什么样的感觉？
眼花缭乱、心慌：1 分
温馨、安详：2 分
冷清、落寞：3 分

(3)你在下面图片中看到了什么？

两个老头在吵架：1 分

两个人在传功：2 分

跳芭蕾的女孩：3 分

(4)下面图片将要发生什么？

男人要杀躺在床上的人：1 分

男人要给他盖被子：2 分

男人是医生，正在给病人催眠：3 分

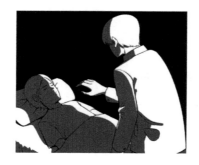

（5）当你的朋友误解你并且跟你吵架后，你会怎么做？

绝交：1分

解释：2分

忍着：3分

测试结果：测试结果不是绝对的，只是提示你在工作生活中面对压力事件时会有某种状态的倾向，因此请把焦点放在自己的压力源上，而不是人格类型上。

5~9分：A型人格——压力易感型

你的性格比较急躁并且缺乏一定的耐性，工作方面有着非常强的上进心，能吃苦肯做事，有不小的野心，希望取得较高的成就。平时对于时间的安排较为紧张，因此生活中也总是处在紧张的状态，对于社会的适应能力薄弱，属于不安定型的人格。

是什么因素导致这种A型人格呢？危机感或自尊水平的不足，是主要原因。

首先，是社会地位的危机感。他们努力奋斗的目的是为了获得社会地位，而在这个过程中，"比较"的思维就会经常出现，把"别人"作为自己的参考标准，但是我们都知道"一山更比一山高"，如此，就是累死了，你也不是最高的那座山峰。这样，在自我的现状和期望的成就之间，永远都会有个差距，这个差距就是我们常说的自尊水平，要求越高，其就越难以满足，就更加驱使自己去为之努力奋斗。

其次，对于A型人格的人而言，时间永远是奢侈品。他们为了维护自尊和社会地位，只有超负荷地工作才能解决时间的紧迫感。他们同时干很多的事情，一心两用，甚至三用，即使是在吃饭的时候，也在思考工作。所以，有这种行为的人，最好不要轻易打扰他，因为他会不耐烦，容易对你使用"攻击性"的言语，同时，他也不会太考虑他人的利益，因为危机感告诉他，必须赢才是王道。他的琐事越来越多，长期的超负荷，使他容易激动，进而产生敌意的情绪。在别人看来，他们是"冷血"的，用心理学的术语来说，就是人格堕落和情感衰竭。从人际关系的角度看，这无疑具有一种自我毁灭的倾向。

如此，对于A型人格的人来说，生活质量自然是谈不上了，他们冠心病的发病率几乎是最高的，在心理上，容易产生抑郁症状，情绪不稳定，很少能见到他们是快乐的，家庭归属感也不是很强。有人说A型人格的人总是有一种自我毁灭的倾向，女性比男性要好一些，也许是因为女性更早地意识到这种行为对自己的伤害。

除此之外，诸如追求完美、热衷竞争、喜欢数据、操纵控制也是A型人格的特征。

当然，并不是说A型人格，就像遗传一样，不会改变，他们只要扭转自己对成就和自尊的看法，以及对事件的态度，是可以改变的。

A型人格的改变方法

1. 改变自己的控制力，放手让别人去管。
2. 改善人际关系，获得支持。
3. 放慢心情、行动，放缓生活和工作的节奏。
4. 追求合作而不是竞争。
5. 享受过程而不是争做第一。
6. 学会放松。
7. 培养工作以外的兴趣爱好。
8. 培养宽广的胸怀和高尚的修养境界。

10～12分：B型人格——压力耐受型

你的性格不温不火，言谈行为举止都比较得当，对于工作和生活有着较强的满足感，比较喜欢慢节奏的生活，做事情不紧不慢，慢条斯理的。情绪的活动强度较小，具有很好的稳定性和持久力，不容易激动，情绪平稳，有着大将风范，泰山崩于前而色不变，麋鹿兴于左而目不瞬。

所谓 B 型是指相对于 A 型而言的。不是说一个人要么就是 A 型，要么就是 B 型，而是这个人哪种倾向性更多一些。

B 型人格在时间紧迫感上，与 A 型不同，似乎对时间总是有亲切的容忍力。他们也珍惜时间，也在不断努力，但是不会像 A 型那样"用愤怒发泄自己的耐心"。B 型的人有足够的耐心，不会勉强自己按照进度完成任务，甚至允许委托他人做事，相信对方能够帮助自己达成结果，给人一种信任感，并被认为是一个关心他人的人。

B 型人格很少有敌意心态。也许这种对时间的容忍力，让其很少愤怒、不耐烦，而是拥有了更多的共情。

B 型人格总是相信自己的价值感，这样就很少有 A 型人格的比较心态而拥有更多的自尊感，似乎是一个天生的乐天派。

当然，这不意味着 B 型人格就是值得推崇的。毕竟时代节奏正在加快，适当的 A 型人格特质还是有必要的。

B 型人格的改变方法

1. 不要过度肯定地看待周围的人和事。
2. 不要总是盲目地欣赏别人。
3. 用任务进度提升自己的时间紧迫感。
4. 保持社交活动，并适当地提高自己的声誉。
5. 坚持自己完成工作，培养兴趣爱好。
6. 学会表达自己的焦虑和不安。
7. 增强自己语言表达和关注数据的能力。

13~15 分：C 型人格——压力极限型

他们对于负面的情绪保持着深深的压抑，特别是对于愤怒的压抑。因此他们常常生闷气，尽量回避各种冲突，常常会原谅一些本来不值得原谅的事情，对别人有着一种过分的宽容、忍让和耐心，往往屈从于权威，缺乏个人主见，时常会有孤独感和失助感。

C 型人格是压力下行为达到极限的一种状态。虽然 C 型人格吸收了 A 和 B 的特点，但是有两个极端的特点，如果是 A 和 B 的优点，则是一件好事，让他们可以迎接挑战、勇往直前，潇洒于自己的成功；如果是 A 和 B 的缺点，则需要引起注意。过分热衷于挑战，容易引发更大的疾病，过分自信容易让自己麻木，过分压抑容易失去对自己的控制。

C 型人格的改变方法

1. 用健康的方式宣泄自己内在的愤怒。
2. 顺其自然，不苛求自己。
3. 追求率真自然的状态，不压抑自己。
4. 懂得享受和放松，不压迫自己。
5. 接受缺点和不足，不责备自己。
6. 定期运动。
7. 保持幽默感。
8. 素食。

综上所述，压力不是越小越好，也不是越大越好，而是有一个适中的点，这是由个人决定的。压力无所谓大和小，取决于个人如何面对，如同击掌一样，施加的压力越大，反作用力也就越大。虽然可以通过各种测试区分不同人的压力人格，但是如何看待压力才是核心，这是"苦乐观"的意义，也是"做自主者"的前提。

二、把压力看成是正常事件

1. 接纳压力

没有人喜欢压力所带来的烦恼。很多人为了解决这个"世纪"难题，寻找了很多的方法，甚至在认为自己"走投无路"的时候，用修行的方式，去改变自己当前的局面。从修身养性的角度来说，其实我们每一个人都在修行中。

生老病死，是我们每个人都要面对的，所有的压力也源于此，与其痛苦对抗，不如坦然接纳，把生活中的压力烦恼看成是正常事件，这是压力管理中的认知智慧。

在我们平常的生活里，我们总是遇到这样那样的困难。例如，对于一个家庭，新生命的到来，一家人忙得团团转，高兴之余，也打破了很多曾经习惯的工作生活规律，睡不好，吃不好，腰酸腿疼，尤其是一到午夜，莫名的哭闹声，对你而言，会有痛苦的感觉吗？会后悔有了这个新生命，还是，"习惯"这个哭声，寻找孩子哭闹的原因（饿了，该换尿不湿了）？孩子早在母亲十月怀胎的时候，就已经和父母有意识上的联结，他会捕捉到父母的情绪状态。如果你表现出不耐烦，用恶意的言语，露出凶巴巴的表情，他会哭得更厉害；如果在哭闹的时候，能够得到你的呵护、爱抚、亲吻，也许他就会笑，并很快就又睡着了。很多父母都有这方面的经验。与小孩的哭闹对抗，是解决不了问题的，但是如果你把哭闹当成是正常现象，也许，你就会继续享受为人父母的快乐。

死亡，对很多人而言，是个可怕的字眼。"恐惧死亡"，是人类的生存机制之一。如果没有这个生存机制，人类就失去了创新、解决问题的能力，也就失去了"希望"和"意志"，也许人类就不能存活下去。一切的永恒都是相对的，人终有一死。既然如此，我们不如换个角度去看待死亡，即"转化"。花开花落表达的并不是悲情，而是春夏秋冬的季节更替的大自然的律动。我们无法预期死亡，但我们可以选择当下的生存状态。

我们经常会问一些人："假如你的人生还有最后一天，你会做什么？"其实做什么不重要，重要的是，这一天，是你可以选择的，你可以选择快乐地吃顿大餐，陪伴家人，当然你也可以选择郁郁寡欢。接纳了，你就会无惧，逃避就会心生无限恐惧。

人生除了生老病死，还有爱恨情仇。很多的时候，我们也是因为欲望太高，而产生了不可得的压力感受，这个感受又作为我们对关系的评价。所以，爱一个人很难，恨一个人就更难，难在我们"不可得"，所谓"甚爱必大费，多藏必厚亡"，也是这个道理。把持不放，就是不接受"失去"，过分把持，就是"甚爱"，把精力放在甚爱上，你会失去得更多。人生就是在这"过犹不及"的历练中，不断掌控压力，学会接纳，渐近"中庸之道"。

去实践"接纳"的心态，接纳发生在自己身边一切事情，就是"离苦得乐"，这既是压力管理的理论层面，也是技术层面。下面，让我们通过一部名著进一步理解与感知。

《西游记》是中国古典四大名著之一，主要描写了孙悟空、猪八戒、沙僧三人保护唐僧西行取经，一路降妖伏魔，化险为夷，并经历了九九八十一难，最后到达西天、取得真经的故事。再读《西游记》，我们可以读出新意来：一路向西，经历各种磨难，面对种种挑战，师徒四人不断地承受压力考验，从这个层面上来讲，它又是一部关于压力管理的小说。基于这一点，请认真思考一下，《西游记》会给你怎样的一个全新思考与启发？

你或许会问："这和我们有什么关系呢？"当然有关系，下面，我们将深入地探究。吴承恩在《西游记》的开篇就指出："欲知造化会元功，须看西游释厄传。"意思说要想知道人生的真谛，就要看西游释厄传。为了理解其真正的内涵，我们将从以下几个问题进行思考：

为什么要取经？

经书为什么在西天，而不是在东方？

东土大唐距离西天有多远呢？

为什么不是孙悟空一个筋斗云就把经书取来，或者如来佛祖一口气吹来？

原来《西游记》所讲的就是我们人生的过程。

什么是"经"？经者，常也，也就是"不会变""恒常"。从古人的观点看，所谓"经"，就是永恒真理，绝对真理。刘勰在《文心雕龙》中称之为"恒久之至道"。

从我们现代人看，我们经常说"取取经"，就是去看看别人有什么好的经验，丰富自己；我们也常说"历练历练就有了经验"。《西游记》中，取经无论是广义的，还是狭义的，都是为了增加阅历。所以，要想有"经"，就必须得"经"，前者是真理，见识，后者是取经的过程。

从压力管理的角度看，"取经"就是让我们在丰富的人生阅历中，在各种磨难中，各种喜怒哀乐中，提炼和总结，形成自己的人生哲理，帮助自己实现人生的意义。而在这些经历中，必然体验"压力"和"情绪"，既然是必然的，那就不如乐观地接纳压力与情绪，与其握手，甚至我们还可以乐观而勇敢地高喊："让暴风雨来得更猛烈些吧！"

唐僧会给我们什么启示呢？仅从唐僧这个人看，论本领，不如自己徒弟们。取经途中，唐僧无论碰到了什么样的境遇总是始终坚持一个方向，坚定不移地向西，这不仅是一个动作，更是一种态度，正所谓"不忘初心方得始终"。唐僧取经坚定不移的信念可以改变自己的压力状态，当苦不再是苦，可谓甘之若饴。所以，在生活中，人生不如意之事十之八九，当我们面对压力时，不妨回想一下，当初我们因为什么出发的，调整我们面对压力的态度，从而坚定前行的脚步，就是走在接近理想的路上了。

经书为什么放在西天？怎么不放在东边方便取呢？从地理位置看，佛教起源于古印度，相对唐朝而言，在西方。从太阳的升起、落下看，自东至西，是一个循环。从人生的角度看，这是人从生到死的一个过程，也就是说，《西游记》描述的是人一生的经历。

十万八千里，有多远，相当于现在的 54000 公里。地球一周才 40000

多公里，而东土大唐到古印度的天竺的直线距离也就 3000 公里左右，这数据怎么都对不上，那为什么是十万八千里呢？《西游记》中的十万八千里取经路，并不是师徒四人的十四年所走的路，而是指我们心中的十万八千个杂念。每个杂念都是我们压力和烦恼的源头，取经的过程就是将这些念头一个个地消除或者转化的过程，是接纳它们而不是抗拒地消除或转化。

生活中也是如此，每天都会遇到很多事情，没有遇到也会心生很多念头，如果被这些事情和事情带来的想法，或者是无中生有的想法所左右，就会陷入其中，产生各种压力反应，情绪反应。《论语》中写道："子在川上曰：'逝者如斯夫，不舍昼夜。'"从时间上看，是对川流不息的时间的感叹，事实上，也是对于心性如海的写照，一个浪花起，一个浪花落，在起落之间，有个时差，每个人的时差是不同的，所以每个人的情绪或者是情绪产生的压力持续时间也是不同的。因此，我们要在想法、念头的起落之间，学会接纳，然后与之和解，达到内心的平衡。"静而生慧"是我们压力管理的一种理想状态，后面章节介绍的正念冥想则是解决这个问题的好方法。

既然十万八千里这么远，孙悟空何不用一个筋斗云搞定？抛开小说是虚构的写作手法不谈，它主要给予我们的深刻寓意是：孙悟空的一个筋斗云恰是从生到死的过程。从生到死都是一个过程，人生的阅历也是一个过程，情绪和压力的能量是在不断运动、转化中产生的，不能凭空出来，它也需要一个过程去平衡。拔苗助长的结果就是毁苗，催熟剂的结果是食物的不健康，一个小学生直接上大学，也许智力没问题，但是心智有问题。所以，凡事的过程必须一步步走完。管理中也是如此。如果你没有从基层干起，直接到总经理，那么你在管理企业中的状态就可想而知。相反，有个酒店的高层管理人员，她是从服务员做起的，每个环节都做过，通过自己的努力终于可以管理整个酒店了。自从她上任以后，无论是服务，还是质量，都提升了，就是因为她非常了解每个环节的情况。从压力管理角度，压力是必有的经历，面对压力存在的过程，我们不能简单地想要一步到位，而是循序渐进地与之和谐相处，如果可以，把它就当作沿途的风景，岂不更好！

通过对《西游记》的"取经历程"解读，放眼我们所面对的压力，不难看出，压力是再平常不过的一件事，如同一日三餐。也许饭菜是否可口，是大脑和味蕾的事，身体在乎的是营养够不够。因此人生的经历中总会有压力的存在，经历是人生必需的，如同营养，但是是否有某些经历，似乎我们不能决定。但是我们可以决定在不同经历下，通过对压力的观察，体会人生的道理，让自己的经历丰富多彩。

2. 观压力，体人生

美国斯坦福大学的心理学教授凯利·麦格尼格尔，在 TED 中做《如何让压力成为朋友》的演讲时候提道："前一年压力颇大的人，死亡的风险增加了 43%，但这只适用于那些相信压力有碍健康的人。"这是历时 8 年，追踪 3 万美国人的研究结果。这个结果告诉我们，如果你把压力当回事，就一定会有碍健康，也会增加死亡风险。但是如果你把压力当作朋友，就会增加生活的动力，提升你的社交能力。与之前我们的 AB 握手游戏，在原理上是一致的。

如果痛苦是 100 份，也许只有 10 份我们必须去面对，另外那 90 份本不该出现的，可是为什么就出现了呢？比如，一脚陷入了沼泽地，如何反应决定了你的生死：越是挣扎，越是死得快，不挣扎反而死得慢。

我们大部分的压力烦恼都是源于过度抗拒。只有积极地知苦，体会苦，从苦难中成长，才能真正离苦而得乐。如果把上山喻为人生之路的话：

悲观的人在山脚下看世界，看的是幽冥小径；

乐观的人在山腰中看世界，看的是柳暗花明；

达观的人在山顶上看世界，看的是天高地广。

这里面有三个关键词——悲观、乐观、达观，最后一个字都是"观"。观就是看的意思，让我们联想到看见、看法、观念、价值观、人生观等，所以，人生首先是用来看的，看明白很重要。

有一个小女孩对爸爸说："苹果里有一颗星星。"

爸爸耐心地告诉她，那不是一颗星星，而是一个果核。

小女孩非常执拗地说："真的是一颗星星。"

爸爸让她把苹果里的星星找出来。

于是，小女孩向爸爸要了一把刀和一个苹果，放到砧板上就要横着切。

爸爸喊了一声："不能那样切！"

爸爸拿过小女孩手中的刀，直立起苹果。

小女孩坚持说："只有横着切才会切出星星。"

爸爸就听了小女孩的话，将苹果横着切成两半。

这时，爸爸惊讶地发现，苹果中的五粒种子恰好整齐地在每半个苹果中央形成了一颗五角的星星。

他看呆了，因为他吃了半辈子苹果，到现在才发现苹果里面确实藏着这么漂亮的一颗星星！

苹果还是那个苹果，只是换了一种不同的切法，意外惊喜就藏在其中。在选择伴侣的路上，不要总是站在自身的角度审视对方，换个角度看对方，可能就会使我们眼前一亮。

老板对你暴跳如雷时，首先就是"观"，人乃血肉之躯，总有七情六欲，总有不开心的时候，你也会如此的。这样的话，你就获得了共情，自然就会对领导的状态表示理解了。接着，告诉自己，别那么幼稚，职场上不是父子母女的关系，是上下级的关系，是公对公的关系，是建立在做事的基础上的。之后想想，是不是有什么自己没想到的地方。老板说"采购部对我们很不满意"，这说明了什么问题？也许这是外界给老板的压力，而不是你给老板的压力呢。再思考，是不是你在没有理解好老板情绪之前，就做了很多的辩解，越描越黑，这是不知进退。好好想想你和领导之间的关系，平日里相处得如何。也许一直合作得不错，那自然，越是亲近的人，越容易对其刁难。既然老板平日里那么关照自己，何不在情绪上帮助老板分忧呢？想着想着，老板电话来了："我下午不是冲你，而是借着批评你，让其他人看看……"怎么样，晚上可以好好睡觉了吗？

所以，当你能看清、看透很多事情的时候，就像考试题提前知道一样，就不会那么紧张了。同样，面对压力和烦恼也是一样，看清楚了，就会接纳，这才是压力管理的开始。

大多时候我们不能改变压力本身，但却可以改变对压力的认知，即把压力看成是正常事件，我们的压力感瞬间就降低了。

三、控制力：跨越障碍的能力

在压力进口环节，有很多的方法管理压力，这里介绍一个最简单，也是效果非常明显的一种方法，叫作控制式应对。这个应对方法，是一个让你更自主地管理压力的方法。

在《改变心理学的40项研究》第六版里有一个研究"让你愉快的控制力"，"控制力"这个概念在心理学中看似微不足道，但它却能单独对人类所有的行为产生极为重要的影响。我们在这儿所谈论的控制力并不是指控制别人的那种能力，而是指贯穿于个人生活及生活事件中体现出来的力量。这种能力与你对自我力量的感觉以及在各种情形下个人选择的有效性有关。这里面的"控制力"涉及三个方面：对象、感觉、选择。

首先是"对象"。"不是指控制别人的那种力量",反过来说就是"控制自己的力量"。减少心生的压力,从自我控制开始。之前我们讨论过,"一切压力和烦恼的根源"都是"你自己",所以,无论这个压力是什么,什么时候出现,出现在哪里,都是因你而起。

其次是"感觉"。控制力也是一种能力,这种能力与"你对自我力量的感觉"有关。是否能控制,是一种感觉,不是实质的内容,是相对的,是心理层面的。拳击,是力量的博弈,肌肉的力量越强,自然越占上风,但是,不一定力量越强,就一定可以赢,有了一定的技巧(符合道德层面),也是有赢的机会的。比如,心理上展现出一种力量,压倒对方,也会让对方"丧胆"而施展不出自己的肌肉力量。当年霍元甲中毒后的最后一战,就是因为自己之前的声誉而赢的。这就是感觉,事实上,做事也好,考试也好,我们在开始就会有一种感觉,知道自己是否能产生好的结果,这是信心,也是具有控制力的那种自我感觉。

最后是"选择"。"控制的有效性"就像上面说的考试之前就会知道自己可以考出好成绩一样,"选择有信心考出好成绩"就是有效地控制了自己的信心。心生了"正"的心态,自然就会积极乐观,处理事情的时候就会带着愉快的心情;如果控制力失效,总是担心自己失败,担心失败后无法对家人交代、被他人取笑,就是心生"负"的心态,就会消极而痛苦,处理事情就会低效。

生活中,你做过不少选择,有好有坏,正是它们引领你成为今天的你。也许你未曾认真地思考过这些,事实上你在生活中所做的选择比你想到的要多得多,你每天都在选择或决定自己的行为。有研究显示,我们每天至少有4000多个想法,大多数想法稍纵即逝了,但是总会有那么几个想法会留存下来。这是你的决定,是你的选择,也是你的控制力。但是,当你的控制力受到威胁的时候,你就会出现负面情绪(生气、狂怒、愤慨),并会以某种行为来反抗,以此来恢复你的个性自由。老板说,工作在下班前必须做完。可是你知道,如果下班前做完全部工作,自己的事情就会延后处理，就会影响晚上带孩子去辅导班学习。你会如何呢？自然就会出现负面情绪。如果这个时候有同事找你帮忙，或者请教一些问题，也许，你就会发怒，表现出不配合，抑或你会草率地完成老板的任务。如果有人告诉你必须做某件事，你很有可能就会拒绝他，或是朝相反的方向去做，这已是太平常的事了。或者，反过来讲，如果我们禁止某人做某些事，他们反倒会觉得被禁止的活动比以前更有吸引力，这种反对任何限制我们的自由、阻止我们的愿望的倾向被称为"抗阻"（Reactance）。这里"控制力"对我们的影响会带来负面情绪，这就是压力烦恼的开端。但是，如果我们对于老板的临时安排，能够预期的话，也许我们的情绪就会好一点。

环境总会带给我们不确定性，变化也好，无常也罢，都需要我们有一种预期的能力去应对这种环境中的不确定性，这样就可以增强对自身和环境的控制力，以获得安全感。这就是控制式应对——让自己有力量去选择自己内心的想法：不是"逆来顺受"的认命，而是在"接受"的同时，知道自己的心理范围，此乃"一念"；不是用假装的喜欢去逃避现实，而是寻找一个心理的空间，理性地面对，此乃"一念"；不是"抗阻"，而是能够越过"抗阻"，找到自己能够控制的方案，此乃"一念"。

根据对控制力概念的理解，我们知道焦点在自己而不是外界，这样每个人的压力事件就容易区分了。

1. 压力事件的分类

有人把压力事件进行分类，分成自己的事、别人的事和老天的事三类。自己的事，就是自己能安排的事情；别人的事，就是别人主导的事情；老天的事，就是我们能力范围以外的事情，更多指的是环境。

压力烦恼往往来自：忘了"自己的事"，爱管"别人的事"，担心"老天的事"。

忘了"自己的事"，迷失自我。人一生最大的烦恼和失败，不是没有做事，也不是做的事太多，而是没有做好自己的事。

爱管"别人的事"。分清自己与他人之事的重要标准就是：界限。不要打着"我为了你好，我为你着想"的名义去干涉别人的事；同理，对于这样对待你的人，你也要走远点。对于真心相待的人，自然也要诚心处之。

担心"老天的事"。有一个寓言。一个人在爬山时，被一条蛇给咬了。他顿时对这条咬了他就跑的蛇恨之入骨，于是满山遍野去搜寻那条蛇，直到他毒至攻心，死在山野。

为自己的事负责这叫自主者，也称掌控者，可是人们一旦在做自己的事，遇到压力烦恼时还会投射给别人或者老天，就演变成了受害者或宿命者。我们经常地说要学会放下，放下的不是自己的事，而是别人的事和老天的事。

要开心很简单：做好"自己的事"，不管"别人的事"，别想"老天的事"。

噪音实验的启示

早上，上班的高峰期，红灯变绿灯的十字路口上，不到 30 秒的通过时间，有的司机就会按下喇叭催促前车快点开。如果你是第一辆车，或者你是第十辆车，当你听到这种喇叭声音的时候，分别会是什么样的感受？这种喇叭声，对于哪个位置的司机而言，更像是噪音呢？隔壁正在装修，下了夜班的你，和今天在家悠闲自得的你，会有什么不一样的感受呢？

有一项著名的研究：把 100 名大学生随机分成 A、B 两组各 50 名，分别放入两间条件相同实验室，实验室都有强噪音干扰，时高时低，变化无常，然后要他们完成解决相同问题的任务。其中 A 组学生被试者不能控制噪音，只能听之任之；而 B 组学生被试者可以在任何时候按压按钮以停止噪音。然后，又嘱咐他们如果能承受噪音的话就尽量别按压。两组没有比赛的关系，也不存在早干完早结束的可能。在实验的第一个小时里，两组的绩效结果如何呢？

结果：在同样的噪音下，A组被试者的任务完成情况明显要比那些允许自己可以对噪音进行控制的B组差得多，而实际上B组并没有人按压过按钮。

这个按钮是决定任务完成好坏的关键吗？我们继续看这个实验。现在，把B组学生的控制按钮收回，告诉他们无论遇到什么噪音，都不可以再按那个按钮；同时，A组学生的情况，没有任何变化。在第二个小时的试验中，哪个组绩效更高呢？答案是A组。

对比两次实验，B组被试者在有按钮的时候，任务完成的情况好于没有按钮时候，可见，控制力——按钮使人提高了对压力的耐受力；同时，当按钮被收回的时候，相当于丧失了控制力，B组的情绪体验发生明显变化，对压力的耐受力下降了。而A组，在第二次实验的时候，基于对第一次实验的适应，相当于是A组自身拥有了一个隐形按钮，因此对于噪音有了一定的耐受力。

不管是外在有形按钮，还是内在无形按钮，所有这些归结起来就是，一旦我们拥有控制力时，我们便是更快乐和更有成就的人。

兰格和罗丁与康涅狄格州的一个名叫阿登屋（Arden House）的疗养院进行合作。随机挑选两层楼，让住在这两层的老人分别接受两种实验。四楼的老人（8男，39女）接受了"责任感提升"的训练。二楼的老人则作为对照组（9男，35女）。91名被试者的年龄跨度为65～90岁。"责任感提升"组（四楼的老人）得到的信息是，他们有照顾自己的责任，并有权决定如何安排自己的时间。而对照组（二楼的老人）得到的信息是，疗养院会安排好老人的生活的。不难看出，这两种信息之间存在着重要的差异：实验组的被试者（四楼的老人）在生活中有进行选择的机会，用多种方法调节自己的生活；而对于对照组的被试者（二楼的老人）而言，虽然其他因素与实验组基本相同，但他们收到的信息是，将由疗养院来代他们做出大部分决策。这一实验过程持续了3个星期。（应该注意的是，四楼老人所拥有的控制力水平，是所有居住在这个疗养院中的人都能获得的。在这个实验中，研究者只是对实验组重申他们所拥有的这一控制力，并使他们更清楚这一点。）结果很明显：四楼老人的快乐指数明显高于二楼老人。

因此，控制式应对是个人面对压力时能主动适应和调节的重要方法。问题在于有的人可以有很多的控制力按钮，有的人就很少，那么控制力按钮是天生的，还是可以后天获得的呢？生活中，我们有很多的不同，有的人会说"别人和环境决定我的命运"，这就像噪音实验里第一次的A组和第二次B组的被试者，我们称之为受害者；有的人会说"我可以决定我的前程"，这就像噪音实验里第一次的B组和第二次A组的被试者，我们称之为掌控者。成功幸福的人生就是不断在寻找并发挥自己控制点（按钮）的过程！

练习：区分压力源

再次翻看前面所列出的压力事件，如果你觉得你能掌控的，就在这个事件的后面写个"＋"，反之，就写个"－"。看看是"＋"多，还是"－"多，此刻你有什么新的心得呢？

启示：

"＋"问题大多是有营养的压力；"－"问题大多是垃圾或有毒的压力；如果"＋"多于"－"，是正常的，如果"－"多于"＋"，则需要考虑调整了。

有个美容中心的员工，有一天和我说："那天来了一个客人，选择了90分钟的调理疗法。我很不喜欢他，所以，我是在心里骂了他90分钟，才给他做完的。那天，我快累吐血了。"假如每天都有五个客人是你不喜欢的，我想你的身体很快就会垮掉。如果你是带着愉悦的心情工作，不但不会很累，反而自己也会从中受益。

生活中，每个人都有选择权。如果选择做自主者，我们的状态是身心合一的；如果尊重他人，我们的状态是人我合一的；如果顺势而为，我们的状态就是天人合一的。很多时候，没有选择的人，是个没能力之人；只有一个选择的人，是个固执之人；只有两个选择的人，是个纠结之人；有三个选择的人，才是一个灵活之人。

通过对压力源的分类，我们知晓了自己的哪些压力是应该关注的，哪些压力是应该放一放的；正性压力多，还是负性压力多。前面说过压力是必然存在的，接纳是首当其冲的。但是每个人面对压力又是怎样的态度呢？区分自主者和受害者可以帮助你提升对压力的正性接纳。

2. 自主者和受害者的代言人

祥林嫂为受害者代言

祥林嫂一样的人物，就是一个彻头彻尾的受害者。如果我们遇到了一些事情，感到不愉快，是很正常的，因为这是本能的反应，但是不要让这种不愉快持续得太久，一般认为最好不要超过 24 小时。受害者往往是在受到外界刺激时，仅仅做出低属性本能的反应。如同，你欺骗了我，我就会本能地难过伤心。受害者给人的感受一般为落寞、伤心、沮丧、失败、气愤、倒霉、愚蠢、怨恨、心痛、后悔、失望、绝望、失落、不公平、消沉、沮丧、冤枉等。但是，为什么有的人就是喜欢沉浸在这种受害者的感觉当中呢？因为受害者有它的好处：当一个人失去控制力的时候，可以有发泄的快感，能保住面子，让自己是被同情的，觉得自己其实是正确的。这一点和鲁迅笔下的祥林嫂是一样的。如果是一个管理者，要小心这样的员工，"同情弱者"是员工之间容易达成共识的一个关键纽带，无论这个员工的绩效、能力如何，大家往往都会站在这个受害者身边，当受害者散布一些不利于管理的信息的时候，很容易让同事们认同，并对管理工作带来不利的影响。最好的办法就是，让时间来证明，因为很快，受害者就会暴露出自己的损失：信心不足，形象自毁，失去自我成长的机会，健康下降，力量不足，不但影响了自己的绩效，还会影响其他人的绩效，此时其他员工自然会远离他。

抱怨不等于解决问题，抱怨命运不如改变命运，抱怨生活不如改变生活，任何不顺心都是一种修炼。强者都是含着泪奔跑的人。作为一名受害者，首先获得的是收益，接着就是损失，正是这种先后的顺序，才让这种本能的反应影响了我们的人生。

下面列出了一些受害者的常用语言，你是否也会经常这么说？

我很痛苦。
我要努力去克服困难。
我已无能为力。
他使我怒不可遏。
他们不会接受的。
我不能……
我必须……
如果他……

在压力面前，抱有受害者的心态沉浸其中的时候，非但没有效果，反而会加重压力的存在和影响，进而出现身体不好的状况。

大人物为自主者代言

什么人堪称一个大人物呢？我们发现所有的大人物都会有一个共同特点：就是在受到外界的刺激，他就会去想："为什么会出现这种情况？我应该如何去做，才能更好地去解决这个问题？"当我们有这样想法的时候，我们就会想办法去解决问题，当我们把问题成功地解决之后，我们就会有成就感，就会感到快乐，同时也会给我们信心，以后就会以更积极的心态去面对问题。一句话，大人物，是一个自主者，因为他们可以掌控自己的感受，让自己更加平静、愉悦、快乐、满足、兴奋、积极、自信、有能量。虽然他们会付出一些代价，承担更大的责任，冒更大风险，背更多的黑锅，付出更多的辛苦，承受更大的压力，但是，这也给了自主者很多的收益：获得更多的机会，积累更多的经验，拥有更大的勇气，获得尊重、荣誉、信任，积累更多的财富，成为别人的榜样，找到新的可能，在自省中获得更多的平静和能量。为什么有的人不愿意做一个自主者呢？很简单，从时间顺序上而言，自主者的损失在先，收益在后。

人们在刺激下，总会有所反应。在刺激和反应之间，你会有个空间。在这个空间里，你总是有两个选择，或者祥林嫂，或者大人物，你的反应也会不同。

埃里克是美国一家餐厅的经理，他总是有好心情，当别人问他最近过得如何时，他总是有好消息可以说。他总是回答："如果我再过得好一些，我就比双胞胎还幸运咯！"当他换工作的时候，许多服务生都跟着他从这家餐厅换到另一家，为什么呢？难道埃里克是个天生乐观者和激励者？如果有某位员工今天运气不好，埃里克总是适时地告诉那位员工往好的方面想。看到这样的情境，我真的很好奇。所以有一天我到埃里克那儿问他："我不懂，没有人能够老是那么积极乐观，你是怎么办到的？"埃里克回答："每天早上起来我告诉自己，我今天有两种选择，我可以选择好心情，或者坏心情，我总是选择好心情，即使有不好的事发生，我可以选择做个受害者，或是选择从中学习，我总是选择从中学习；每当有人跑来跟我抱怨时，我可以选择接受抱怨，或者指出生命的光明面，我总是选择指出生命的光明面。"

"的确如此。"埃里克也这样说，"生命就是一连串的选择，每个状况发生都需要选择——你选择如何回应；你选择人们如何影响你的心情；你选择处于好心情或是坏心情；你选择如何过你的生活。"

数年后，有一天，我听到埃里克发生了一件意外，你绝对想不到的事：有一天他忘记关上餐厅的后门，结果，早上，三个武装歹徒闯入抢劫，他们要钱，埃里克打开保险箱，但由于过度紧张，埃里克弄错了一个号码，造成抢匪的惊慌，开枪射击埃里克。幸运的是，埃里克很快被邻居发现，紧急送到医院抢救。经过18小时的外科手术以及细心护理，埃里克终于出院了，但还有块子弹留在他身上……事件发生6个月之后，我遇到埃里克，我问他最近怎么样？他回答：“如果我再过得好一些，我就比双胞胎还幸运了。要看看我的伤疤吗？"我婉拒了，但我问他当抢匪闯入的时候，他的心路历程。埃里克答道：“我第一件想到的事情是我应该锁后门的，当他们击中我之后，我躺在地板上，还记得我有两个选择：我可以选择生，或选择死。我选择活下去。”

"你不害怕吗？"埃里克说：“医护人员真了不起，他们一直告诉我没事，放心。但是在他们将我推入紧急手术间的路上，我看到医生跟护士脸上忧虑的神情，我真的被吓到了，他们的脸上好像写着：'他已经是个死人了！'我知道我需要采取行动。"

"当时你做了什么？"埃里克说：“嗯！当时有个护士用吼叫的音量问我一个问题，她问我是否会对什么东西过敏，我回答'是'。这时医生跟护士都停下来等待我的回答。我深深地吸了一口气，接着喊'子弹！'，听他们笑完之后，我告诉他们：'我现在选择活下去，请把我当作一个活生生的人来开刀，不是一个活死人。'"埃里克能活下去当然要归功于医生的精湛医术，但同时也要归功于他令人惊异的态度。我从他身上学到，每天你都能选择享受你的生命，或是憎恨它。这是唯一一件真正属于你的权利。没有人能够控制或夺去的东西，就是你的心态和态度！如果你能时时注意这些愉快的事情，你就会因此而变得心情愉快。

现在你有两个选择：

1. 你可以遗忘这个故事。
2. 修炼该项法则，主动选择人生。

埃里克为什么能做出这样的选择呢？有的人可能会说，这是本能驱使，很难心态平和的，尤其是在恐怖的事件下。事实上，埃里克做出了正确的选择，这是源于埃里克平时的学习和成长。任何一种习惯都是长期训练出来的，当这种习惯上升为一种技能的时候，就会固化为一种习惯。压力管理也是如此，如果你能从自主者的角度去看待压力事件，也许你得到的反应是不同的。如果你能坚持这种选择，也许你真的可以改变这个世界！

下面列出了一些自主者常用的语言，你是否也会经常这么说？

我如何让自己快乐起来？

我要成功。

试试看有没有其他可能性。

我怎样控制自己的情绪？

我如何想出有效的表达方式？

我选择……

我情愿……

我打算……

某公司总裁精力旺盛，目光敏锐，能洞悉行业发展趋势，而且才华横溢，精明干练。但是他在管理方面却独断专行，对下属总是颐指气使，就好像他们毫无判断能力一样。

这几乎让所有下属人心涣散，一有机会便聚集在走廊上大发牢骚。乍听起来，他们的抱怨不但言之有理，而且用心良苦，仿佛确实在为公司着想，但实际上他们没完没了的抱怨无非是在以上司的缺点作为推卸责任的借口。

有一位主管说："那天我把所有事情都安排好了，他却突然跑来下了一通完全不同的指示，几句话就把我这几个月的所有努力一笔勾销。我真不知道该如何做下去，他还有多久才退休啊？"

然而，有一位主管却不愿意向环境低头。他并非不了解顶头上司的缺点，但他的回应不是批评，而是设法弥补这些缺失。上司颐指气使，他就加以缓冲，减轻属下的压力。他又设法配合上司的长处，把努力的重点放在能够着力的范围内。

总裁大为赞赏这位主管。以后再开会时，其他主管依然被命令行事，唯有那位积极主动的主管会被征询："你的意见如何？"——这位主管的自主圈扩大了。

这在办公室造成不小的震撼，那些只知抱怨的人又找到了新的攻击目标。对他们而言，唯有推卸责任才能立于不败之地，因为肯负责，就得不怕失败，为了免于为自己的错误负责，有人干脆把责任推得一干二净。这种人以尽量挑剔别人的错误为能事，借此证明"错不在我"。

幸好这位主管对同事的批评不以为意，仍以平常心待之。久而久之，他对同事的影响力也增加了。后来，公司里任何重大决策必经他的参与及认可，总裁也对他极为倚重，并未因他的表现受到威胁。因为他们两人正可取长补短，相辅相成，产生互补的效果。

这位主管并非依靠客观的条件而成功，是正确的抉择造就了他。有许多人与他处境相同，但未必人人都会注重扩大个人的自主圈。工作生活中总有各种让人不如意，各种不行、没时间、没心情，真的是这样吗？我们有没有去想过我们看待问题的方式，我们真的应该和别人都一样吗？请说说你的看法。如果找不到例子，就评价一下，这个事例中的主人公哪里做得好，哪里不好，这也是一种学习。

换言之，生活中有10%的事情是我们无法掌控的，而另外的90%却是我们能掌控的。这也是以美国社会心理学家费斯汀格命名的"费斯汀格法则"："生活中的10%是由发生在你身上的事情组成，而另外的90%则是由你对所发生的事情如何反应所决定。"

所谓自主者，不是没有压力，而是在压力面前选择自己能掌控的内容并努力前行。因此，少做受害者，因为你有多少的痛苦，就意味着你有多少的不成熟。面对压力，我们不妨就像电影里的台词那样调侃一句："让子弹飞一会儿！"

做一个自主者，**不要烦恼你的烦恼；幸福的人不是压力烦恼少，而是不被压力烦恼所左右。**

第二节　压力界限（管理压力进口：他助）

前面提过把事情分为自己的事、别人的事和老天的事。对产生压力的事件学会接纳，做一个自主者而不是受害者。一旦我们越界，过多管了别人和老天的事，压力自然就多了，这是界限不清的结果，进而导致不分主次，胡乱做事，滋生出不该有的烦恼。

这里解释一下"他助"。这是一种支持系统，包含人和资源等要素。当我们对压力源界限不清的时候，可以借助他人的力量协助解决，也可以借助网络资源、理论书籍解决。王经理面对下属的倾诉焦头烂额，用时间管理象限帮助其区分当前的工作任务安排，就是寻求支持的方法。这一节将"本书"作为一种资源支持系统，帮助你区分压力的界限，缓解压力的进口。一个人能够分清压力的范围很关键，因为清楚的界限才更容易获得他人有的放矢的帮助，否则就会陷入之前提到的"我很痛苦"，但是当到人问你哪里痛苦的时候又说不清楚的局面，即使有了支持系统，也无法有效运用。

一、改变与影响

很多人在压力很大的时候，就想追求解脱，也就是获得自由。海灵格在《谁在我家》中解释了什么是自由："自由是相对的，不是绝对的，自由也是有边界的，毕竟我们是生活在一个系统之下的，即便是你逃离了这个系统，也会有系统之外的系统。"压力也是如此，也有它自己的范围，但是这个范围是由你自己决定的，我们可以用一个圈来表示这个范围，你画得有多大，压力就会有多大，除非你愿意画得小一点。

游戏： 心有千千结

如果让你给一根绳子打个结，我想这一点儿都不难；但是如果让你用双手分别抓住这根绳子的两端，之后手不可以再松开的情况下，再来打一个结，你觉得容易吗？你现在就可以找一段绳子试试。

你成功了吗？

每次在教学的时候，我们都会玩这个游戏：大多数人自然地将绳子的两端分别握在手里，之后就绕来绕去，甚至缠在身体上，但终难成结。我们欣赏同学们的执着，但是如果2分钟内做不出来，我们就该停下来思考：问题出在哪里？打结的关键是什么？

处理事情之前，我们首先要做的是"静"。当你静下来的时候，全身的血液就会涌向你的大脑，让思考和认知飞跃起来，这样你就可以先看清楚问题。还记得前面提到的"观"吗？也是这个道理。别着急，先在大脑里创造这个打结的过程，再决定如何动手。"凡事总有三个以上的解决方法。"当一个方法行不通的时候，也就意味着一定还有其他的方法等着你去发现。我们总想着在绳子上下功夫，就像试图让大雨停下来一样，既然绳子不能改变，何不尝试去改变双手，改变抓绳子的姿势。既然大雨不可能停下来，何不回到屋子里读读书。

因此，正确的方法是"先将双臂交叉抱于胸前，再去抓这个绳子两端。"

改变情形之前，先改变自己；心中有结，才能真正打出结；幸福不在外，而在自己的内心！

压力也是如此，从压力源的角度看，产生压力的事件就是那根绳子，当你试图改变的时候，只会"斩不断，理还乱"，真就成了宋朝张先在《千秋岁·数声鶗鴂》中所说的那样："天不老，情难绝。心似双丝网，中有千千结。"每一结都是一个念头，这个念头不在外，而在念头的来源，在你自己。天不会老，是因为天就是天，是"无情"的。情，就是我们的思绪，我们越理越乱的念头，何不放下外界的影响，做一个"无情"的人。

外面的世界只是内心的投射而已，所以外面没有别人，只有你自己。

一个墓志铭的故事：在英国伦敦闻名世界的威斯敏斯特大教堂地下室的墓碑林中，有一块名扬世界的墓碑。碑上有一段发人深省的墓志铭：

我年少时，意气风发，踌躇满志，曾梦想改变整个世界。但我年事渐长，阅历增多，我发现自己无力改变世界，于是我缩小了范围，决定改变我的国家。但这个目标还是太大了。进入中年，无奈之余，把改变对象锁定为家人。但天不从人愿，他们个个还是维持原样。当我垂垂老矣，我终于顿悟了一些事：我应该先改变自己，用以身作则的方式影响家人。若我能先做家人的榜样，也许下一步就能改善我的国家，再后来甚至可能改造整个世界。

这段话恰好是打绳结游戏的逻辑。顿悟是人生转折点。顿悟前，我们是怎么抓绳子的呢？顿悟后又是怎么抓绳子的呢？《大学》说"修身，齐家，治国，平天下"，也是这个逻辑。任何的改变都是从修身，从自己开始的。墓志铭中，在"顿悟"之前有个词出现的频率比较高，就是"改变"，顿悟之后，"改变"变成了"影响"，然后是"改善"，继而"改造"。

下面我们就细品一下改变与影响的区别。

关于改变

改，是意识，变是行为。改的前提是对现状的不满，在意识到之后，产生改变的意愿，然后才会有具体的行为。从这个角度看，对现状的不满，是个人的行为，不是别人所能左右的，因此，改变是单方面的。鲁迅在《祝福》中写道："你不可能根本改变人的本性。然而这一回，她的境遇却改变得非常大。"所谓"江山易改本性难移"，也是这个意思。无论环境怎么变，改变一个人很难。杜甫有诗云："雨时山不改，晴罢峡如新。"即使是环境的变化，山还是山，洗涤过的山。如果你一定要去"改变"，那就是强势、强迫，甚至是居高临下的。很多人往往是希望对方改变，自己却不变，这是自外而内的逻辑。

生活中，这样的例子很多。自己拿着手机看视频，却对孩子说："早点儿睡！"你在看电视剧，却对孩子说："快去写作业吧。"工作中，我们是不是会对同事说"这次调整系统是为了更好地帮助大家"，其实自己本身也不喜欢这个系统。也许我们总会埋怨另一半不擦地板，不洗衣服，不给孩子及时洗澡。这些都是让别人改变，而自己不改变的范例。反过来，为什么我们不主动关闭手机和孩子一起睡觉，或者关闭电视，都去学习看书；为什么自己不喜欢的工作，却要强加给别人；为什么你不去擦地、洗衣服、给孩子洗澡。我想一切解释都是推脱，都是试图让别人改变，而自己不变的理由。同时，我们也会发现，我们发出对别人"改变"的指令，往往是无效的，即使对方有行为上的变化，也是表象，是暂时的；"改变"的力量越大，受到的阻抗就会越大。很多夫妻，穷尽一辈子的努力都希望对方能为自己做出改变，可结果是，为了改变争吵了一辈子，你还是你，他还是他。压力也是如此，当你希望改变它的时候，就会受到它的反抗。

关于影响

影响，是对别人的思想或行动起作用。杯弓蛇影，杯子，不会对一个人产生什么影响，影子的形状才是我们害怕的原因。影响是潜移默化的，是对人、事、物起作用的关键，可以是无形的，也可以是间接的。

社会心理学家曾做过一个实验。实验者在马路上仰望天空，只是仰望。很快，就有很多人也加入了仰望天空的行列，当然这是说从众心理。实验者并没有强行让行人也去看天空，也没有发出号召，或给予行人好处让其去看天空，但是行人为什么就愿意这么做了呢？这就是影响。这种影响是相互的，是平等的，是自内而外的。

再如，有一个妈妈，其实没什么文化。她不知道如何帮助自己的孩子学习。情急之下，她想出了一个办法，就是孩子在学习的时候，她也拿了一本书，陪伴孩子一起学习。其实她根本看不进去，但是她知道，自己的行为换来的是对孩子的正面影响。自然而然地，孩子也在妈妈的影响下，努力学习。教育不是一件容易的事情，也许皮鞭的威力可以让孩子发生改变，及时完成作业，却难以让孩子用心去掌握学习方法。教育最难的就是模范的作用。工作上也是如此。下属是否执行命令，不在于命令的对错，而在于管理者是否也愿意起到模范的作用。

压力管理也是如此。事件就是事件，与其改变事件，不如改变自己去影响事件，也许事件下压力的定义也会发生改变。团队换了新领导，当你留恋旧领导的时候，其实是希望新领导能够用原来的模式管理团队，这是把改变的希望放在新领导身上。事实上这是不可能的。我们唯一能做的就是改变自己的模式，适应新的领导模式，或许能在适应中，努力做事影响新领导的决定。当然作为一个管理者也要思考如下的内容：改变是职位权力，影响是领导力。

生活的环境会对人产生一种潜移默化的作用，每个人都会受这种作用的影响，慢慢地发生变化。"近墨者黑，近朱者赤"和"孟母三迁"说的就是这个道理。

　　孟子小的时候，他们住在墓地旁边。孟子就和邻居的小孩一起学着大人跪拜、号哭的样子，玩起办丧事的游戏。孟母看到了，就皱起眉头说："不行！我不能让我的孩子住在这里了！"孟母就带着孟子搬到市集、靠近杀猪宰羊的地方去住。

　　到了市集，孟子又和邻居的小孩，学起商人做生意和屠宰猪羊的游戏。孟母知道了，又皱皱眉头说："这个地方也不适合我的孩子居住！"于是，他们又搬家了。这一次，他们搬到了学校附近。

　　每月夏历初一这个时候，官员到文庙，行礼跪拜，互相礼貌相待，孟子见了之后都会学习并记住。孟母很满意地点着头说："这才是我儿子应该住的地方呀！"

　　后来，大家就用"孟母三迁"来表示人应该要接近好的人、事、物，才能学习到好的习惯！

　　孟母是位伟大的母亲，也是位智慧的母亲，她深深懂得环境对人的影响。如果没有她当初的"三迁"，也许就没有今天我们熟知的孟子，也许我们根本不会知道有孟子的存在。

　　心理学家曾经做过一个关于儿童模仿的研究：让一些儿童观察成人攻击玩具娃娃的场景。结果发现：与那些没有看到过这个场景的儿童相比，这些看到过成人攻击玩具娃娃的儿童，在随后的环节中，很快地表现出攻击行为。

　　这也是典型的环境对人的影响，因此很多人在找对象时也会使用这个经验，有些女性会规避那些在有家庭暴力的家庭里长大的男人。而一些男人们也有这样的观念：找老婆要看看丈母娘，因为丈母娘对女儿的影响很大。这些都是因为人们知道，环境是会影响人的。

心理学的研究也发现：和抽烟的人在一起，人们容易抽烟；跟喜欢运动的人在一起，人们也容易喜欢上运动；跟喜欢赌博的人在一起，人们当然也容易喜欢赌博。

那么，作为夫妻的两人，是不是也互为环境呢？

当然是的，丈夫是妻子的环境，妻子也是丈夫的环境。这也就是说，无论她怎么做，都会对她丈夫有所影响，只是影响有可能是积极的，也有可能是消极的。

不管是丈夫还是妻子，在婚姻关系中，都会发生变化，会因为自己跟当前这个爱人在一起而发生变化。有可能会变得越来越积极向上、开心快乐；也有可能会变得消极沉闷、怨天尤人。

而且，跟不同的人在一起生活，会发生不同的变化。一个有着强大能量的人，不但能影响自己的爱人、自己的孩子，还能影响自己的兄弟姐妹、父母亲人、朋友同事，他们都会因为他的存在而变得更加幸福快乐，更加成熟和完整！

影响与改变的前提

影响和改变，目的都是希望对方发生一些变化，变得越来越好，都是希望对方成长。但影响和改变是很不同的，不但效果很不同，前提也是不一样的。影响的前提是允许，而改变的前提是不允许。

影响的前提是允许对方暂时有一些做得不好的地方，让他慢慢发生变化。而改变则不一样，改变是不允许对方当前的做法，希望对方马上变化。我们要允许对方有一个转变或成长的过程，因为成长从来就是一个过程，不是一时的事情。既然相爱，就要耐心对待对方，耐心地等待他成长，就像父母耐心等待孩子的成长一样。所以，想影响自己的爱人的话，先不要着急，先允许他是眼前这个样子，让他在幸福地享受生活的过程中慢慢地变化，要允许他有这个中间的过程。

改变和影响在给对方的感觉上有很大不同，改变给对方的感觉是否定，影响给对方的感觉是肯定。改变的做法是否定了对方现在的做法，然后希望对方换一种做法。这就有问题了，要知道，很多人是受不了被否定的。当你想通过否定对方使其改变时，他的注意力就停留在了你对他的否定上了，因为这是他不能接受的。

影响和改变还有个很大的不同之处，就是影响对方是潜移默化的过程，对方几乎是觉察不到的；而改变对方时，由于要先否定对方，所以对方能够深刻地感觉到，并因此很痛苦。

影响的前提是允许对方，接纳对方，并不否定对方。这样一来，这个由你们二人组成的新环境，他是适应的，你再做些刻意的使对方变化的事情时，他是没有什么感觉的。

这就和我们小时候长身体是一样的，每天我们都在生长，但由于我们是慢慢生长的，不是一夜之间长高的，所以，我们并没有每天意识到自己在生长。

改变对方则不一样，由于改变对方是先否定对方，并立即希望对方改变，是不允许、不接纳对方的，所以，对方会痛苦，甚至会拒绝改变。

就好像我们身体不够高时，大人对我们说："你现在太矮了，你现在就要长高"，然后用外力拉长我们的身体，我们就会非常痛苦，甚至有生命危险。我们都知道"拔苗助长"的方式是不可取的，人们当然也不会这样来对待孩子的身高。但面对自己的爱人时，我们却常常会这样做，希望对方一夜之间"长高"，对方就会因此而痛苦万分。

所以，影响和改变目的是一样的，都是希望对方变化和成长，但前提不一样，改变的前提是不允许，影响的前提是允许。过程中对方的感受也不一样，改变使对方感觉到自己被否定，而影响是感觉到被肯定。改变对方，是能被觉察到的，并且有时会很痛苦；而影响对方，他可能是觉察不到的（见表2-1）。

表 2-1

内容	形式	
	改变	影响
重心	希望对方变	希望自己变
关系	居高临下	平等
顺序	自外而内	自内而外
个人心态	不允许	允许
界限	越界	未越界
对方感受	被否定	被肯定
个人压力	压力感受	坦然感受

启示

管理压力的理念之一，就是明晰边界。压力的边界，就像一个圈一样，圈的大小，由你来决定。而这个压力圈对你的影响，在于你心中的那个结，心结不同，影响就不同。压力和烦恼往往源于改变式思维，而幸福成长则源于影响式思维。

影响的方法

具体说来，影响是有两个方法的：一是无为的方法，就是允许对方，给他成长的空间；另一个有为的做法，就是在对方做了一些你希望他做的事情时，通过述情的方式及时强化，给予对方以正向反馈。

允许：允许对方有一个成长的过程，就是你看到对方有些做得不好的事情时，不要批评，不要指责，更不要代替他去做。而是让他在做这个事情的过程中慢慢地去成长，给对方足够多的锻炼机会和时间。

所以，在影响的过程中，重要的不是要你去做些什么，而是要你去学会不做什么，进而给对方留出成长的机会。这需要我们具备提升自己不越界，不剥夺对方成长机会的能力，因为只有你的这种能力成长了，你才能把对方影响到越来越好的方向上去。

强化：及时奖励对方做得好的地方。

什么是强化呢？这是个行为心理学的概念，说的是在操作条件反射的过程中，对于正确反应后所给予的奖励，也叫正强化。此时，不知道你是否会想起巴甫洛夫和那些被他在下巴上打了个洞的可怜的狗？是的，巴甫洛夫敲铃之后再有给狗喂食的行为，就是为了强化狗对铃声的反应。

当对方做了你希望他做的事情时，如果使用语言来强化的话，你可以及时表达自己的心情，让他感觉到自己行为的价值，得到回馈，进而达到影响的目的。不管是对方在做家务上，还是对待你的家人上，还是对你的关心上，只要对方做了你希望的，你最好都有所表示，及时强化。最简单的方法，就是在语言上有所表达和给予肯定。

假如一次考试，孩子考得很差。如果你看到成绩后暴跳如雷，其实就是否认孩子的努力，不给其成长的机会。成绩不理想对家长是一种压力，并且容易把压力传递给孩子。但是如果你"允许"了孩子的某次成绩不理想，给其思考的空间，也许效果就会不同，彼此的压力也会减轻。改变孩子的成绩和影响孩子的成长是不同的概念。

假如孩子本次考试特别优秀，作为家长又该如何"强化"？如果当作平常事一样，孩子会沮丧，带着沮丧做出了违反常理的事情，于你又是一种压力。何不用鼓励的方式，让孩子获得成长的强化，并成为下一次努力的动力。

职场上也是如此，"允许"和"强化"的影响可以阻挡压力的产生，给彼此成长的空间；而强加的"改变"有可能演变成新的压力来源。

二、界限不清

如果说越界改变是单方面战争的话，界限不清就是混战了。

界限，是关系的灵魂。好的界限感，成就长久愉悦的关系；坏的界限感，毁掉一切关系。

人际边界不清在中国是一个比较普遍的社会关系。有人会很随便使用你的东西，然后也不和你说一声。或者在爱情中，你觉得对方属于自己，希望对方都得听你的，否则就不是爱你，以至于出现各种难以解决的矛盾冲突。界限不清通常发生在亲子之间、恋人/伴侣之间、老板和员工之间、朋友之间。心理学的知识对于解决婚恋关系也有着非常重大的意义。许多伴侣活了大半辈子都生活在痛苦和纠结当中无法解脱，很大程度是因为缺乏看清心理学层面深层问题的能力。主要深层问题是原生家庭造就双方的人格特点、依恋关系、安全感等问题。如果更多的人能够了解心理学的一些知识，那么在解决婚姻问题和孩子教育等问题上，就会让自己的认知提升到一个新的高度，从而减少遗憾与后悔。

自我界限不清，往往会对身边的人造成伤害，使人际关系出现问题。更重要的是，会让自己陷入无效循环的行为模式中，白白消耗自己的精力，却得不到好的回馈，也会给自己带来压力和烦恼。

你是一个界限感模糊的人吗？以下是几种人际关系界限不清的表现，看看你有没有越界，有没有被侵犯界限。

1. 拯救

拯救是人际关系界限不清最典型的表现：把别人的事当成自己的事，过分热心、过分卷入、过度干涉、过度保护，以拯救者或救世主自居，具有过强的监护人和主人翁精神，把帮助别人当成自己的责任和义务。

母亲对待婴儿常常就是如此，因为婴儿没有自理能力，确实非常需要母亲的关心和保护。可是孩子长大以后，如果母亲还是这样对待孩子，那对孩子的成长会非常不利。但是，许多母亲并没有随着孩子的长大而改变这种行为模式。她们继续无微不至地关心孩子，替他做所有的事，插手他的学习、工作、生活、交友、恋爱、婚姻。

相对来讲，父亲较少扮演拯救者的角色，这是因为男性的人际界限一般比女性清，人际距离较远。一个家庭如果以女性居多，人际界限通常都是模糊不清的。反之，如果以男性居多，人际界限会清楚一些。

拯救不仅仅是人际界限不清，也是强迫的表现。在拯救者的眼里，他人是有缺陷的，如果不去拯救，他们会堕落、失败、痛苦、变态。拯救者把世界分为黑的和白的，他的神圣使命就是把黑的变成白的。

因此，具有"拯救"心态的人容易引发他人的压力，他人将压力的感受以行为的方式带给拯救者新的压力，使其演变成受害者，似乎"好心没有好报"，其实是"自作自受"。在《拿什么拯救你，我的爱人》电视剧里，留给主人公的就是拯救的代价———一场空。

2. 控制

控制是中国家庭关系中最常见的问题。

控制，就是把别人当成自己的一部分或工具，像使用自己的手脚那样使用别人，并且希望使用起来得心应手。他们目中无"人"，把别人当成物体，不关注别人的内心感受，甚至有意压制别人的内心感受。这和前面谈的改变模式类似。

一个人如果有独立思考的能力，他人就无法完全驾驭。因此，控制者总是千方百计否定别人的能力，打击对方的自主性，使他丧失自我，乖乖地服从控制。

事实上，凡是你想掌控的，其实早已经先一步掌控了你，只是你还没有发现而已。

控制主要分为三种：硬控制、软控制和无形的控制。

硬控制包括：批评、教育、命令、惩罚、指责、羞辱、跟踪、调查、限制人身自由。

软控制包括：讨好、利诱、撒娇、胡闹、施苦肉计、要挟。

无形的控制包括：信用、承诺、保护、恩赐、以身作则、威望、自信、勇猛。

无形的控制与拯救有某些相同之处，说明拯救是有可能转变为控制的。但是，拯救的目的是让对方过得好，结果如何另当别论。而控制的目的是"为我所用"。拯救是利他的，控制则是利己的。

控制下的人格障碍主要有：反社会型人格障碍、表演型人格障碍、边缘型人格障碍、自恋型人格障碍。它们的表现分别为：

反社会型人格障碍喜欢控制别人，把别人当作自己的身体或工具来使用。常用的方法是硬控制。

表演型人格障碍也喜欢控制别人，常用的方法是软控制。

边缘型人格障碍常常软硬兼施。

自恋型人格障碍则是硬控制和无形的控制并用。

控制类型与控制下的人格障碍是相互影响的，实际的生活中，它们之间是流动的和相互转化的。

具有"控制"倾向的人，会增加他人压力，在家庭和工作中带来压抑和紧张的氛围，当对方不能承受这种不和谐的氛围的时候容易反抗，形成压力的反制。所以"控制"既是压力的制造者，也是压力的承载者，但最终受伤害的是自己。没有人可以被控制，尤其是精神层面，如果一味地努力达到这种控制，尽管付出更多的代价，换来的也仅仅是行为的假象。当一家人在看电视的时候欢声笑语，唯有孩子在一个房间里独自学习时，有的孩子就会用偷听的方式或者阅读课外小说的方式缓解这种"控制"，因为我们可以控制孩子的学习时间、坐姿，却控制不了孩子学习的大脑。当发现"刻苦"学习的孩子成绩不理想的时候，家长就会感受到"控制"下的压力了。

3. 依赖

依赖与拯救相对。一方是拯救者，另一方就是依赖者。拯救会强化依赖性，同样，依赖会激发对方的拯救情结。从某种意义上讲，依赖就是软控制。他用依赖控制对方，使对方心甘情愿而且自鸣得意地扮演拯救者。

在拯救型的母亲身边，一定会有依赖型的孩子。拯救是把别人的事当作自己的事；依赖则是把自己的事推给别人，让别人替自己做。

控制也是让别人替自己做事，但后果还是自己承担的；而依赖则是把责任也交给了别人，要求别人对自己负责。

因此，一个依赖的孩子，衣来伸手、饭来张口，穿不暖、吃不饱还怪罪父母，甚至故意不伸手、不张口，叫自己穿不暖、吃不饱，让父母心疼，激发父母的恻隐之心。

依赖型的人小时候依赖父母或哥哥姐姐，结了婚以后则依赖配偶，或者同时继续依赖父母，甚至对方的父母。

这种人"家族观念"很强，视结婚为找"归宿"，要托付终身，所以挑三拣四，百里挑一，不但个人条件要好，家庭背景也要好，好像不是两个人结婚，而是两个家族结婚。

依赖下，如何产生压力反应呢？在控制的前提下，从初始的反抗到后来的接受，是第一种压力模式。接着形成依赖的模式，一旦离开控制，依赖不能实现的时候，压力就会产生，是第二种压力模式。

职场上，如果遇到一个强势的领导，压力倍增，因为领导什么都替你做主，随着时间的推移，自主思考和做事的潜能就会被隐藏，甚至没有领导的指示就不知道如何做事了。但是再强势的领导也不会时刻替你完成任务，当面对一些需要独立完成的工作的时候，压力就会油然而生。

假如夫妻二人一个是控制者，一个是依赖者。当控制者出差的时候，面对家里的事情，依赖者就会产生压力，直到控制者出差回来。

4. 讨好

讨好主要表现为渴望得到别人的认可、赞扬和尊重，而揣摩别人的心思，了解别人的兴趣，迎合别人的心理，做一些能够让对方开心的事。

讨好、迎合别人，其实是对自己的背叛，这是"假自我"形成的一个重要原因。

小孩子为了得到父母的照顾，让自己得到爱和表扬，会自然地去迎合父母、讨好父母。但是，随着年龄的增长、生存能力的提高，他没有必要继续讨好别人包括父母，于是出现了叛逆。

讨好是人际界限不清的表现。一个习惯了讨好的人，必定是长期压抑了真实的自我，内在是分裂与痛苦的。

用讨好与委屈换来的认可与尊重，只是假象与麻醉，无法为人带来真正的快乐与幸福。

依赖的人，容易用讨好的方式获取依赖的条件。长此以往，内心深处的压抑不能释放，形成一种隐形的压力；同时，当讨好换不来假设的认可和尊重的时候，也会形成一种人际压力。经常用讨好的方式换取领导信任的人，在私下场合里容易用歇斯底里的方式发泄自己的压力。做销售的人，应当学会倾诉自己的压力烦恼，不然容易伤害自己的身体健康。

5. 过度敏感

特别在意别人对自己的看法，很容易被其他人的情绪、意见、行为所影响，这就是过度敏感。

29岁的肖女士在某机关单位做财务工作。这份工作待遇很好，得来不易，因此她也非常珍惜，很想做好这份工作。但是，对于自己能不能做好这份工作，她的心里一点底都没有。

在与领导的谈话中，她感觉到领导非常器重自己，工作的责任也很重大。因此，在工作中，她一方面认认真真、兢兢业业；另一方面却是提心吊胆、惴惴不安，总怕出错。半年过去了，一直小心谨慎的她倒也没有出过什么错。

具体工作中的紧张，她倒还可以忍受，注意一点，认真一点，多检查一遍也就是了。可是每次向领导汇报工作，听到领导讲话时，她就会战战兢兢，觉得心都要跳到嗓子眼了。若是领导看她一眼，她就会担心是不是自己哪里出错了。开始，她只是怕领导，后来见了同事，她也会觉得特别紧张。别人说一点什么，或皱一下眉头，她也会紧张得不得了，两条腿直打战，心想是不是自己的工作出了问题，会不会是什么地方出错了。后来，她竟由于焦虑过度失眠了，头发也脱落得厉害。每到星期一她就会觉得特别痛苦，不想去上班。她想，若是再这样下去，肯定会被领导辞退的。与其等着被辞退，不如自己主动辞职算了。可是她又有些舍不得这份工作，也许这样的工作机会失去了，以后就再不会有了。站在进退两难之地，她也不知该如何是好。

心理分析：

肖女士小时候是一个特别乖巧的孩子，很听话，也很懂事，不需要父母和老师怎么操心。上小学、中学的时候，她的成绩一直都很好，而且还是班干部。直到大学毕业，她都非常顺利，也没有受到过任何挫折。肖女士在谈到对自己的评价时说："第一，总觉得自己能力不够；第二，总是怕出错，担心自己的事情做不好；第三，特别怕别人批评。"

如果一棵树的一个树杈早年被砍掉了，那个地方就会留下一个疤痕，长出一个疙瘩，而这个地方的木质纹理却会更加密实，更加结实。对于树干来说，砍掉树杈使树干更粗壮。人的成长经历也是一样，如果一个人从小受过一些挫折，如父母的批评、学习的打击、不如意的经历等，那么他就会对这些挫折产生一定的抵抗力、承受力，并对自己产生信心。而那些一直顺利的人，没有挫折经验，害怕出错和失败，特别在乎面子，不相信自己能够战胜困难，遇到困境就过分紧张和谨慎，结果把自己搞得很累。同时，父母的性格也会在不同程度上影响到孩子。肖女士父母本身也是非常敏感的人。妈妈是小学老师，是一个做事很谨慎、细心的人，对孩子的批评虽然少，可是给孩子锻炼的机会也特别少，这对孩子性格的发展是不利的。肖女士的过度敏感使得她太在乎别人的评价，殚精竭虑，使自己处在疲惫状态。

测一测： 你的心理敏感指数

根据自己的真实感受，用"是"或"否"回答下列问题：

（1）别人谈话时，你觉得是在议论自己吗？
（2）别人说话的语言生硬时，你感到别人对自己有看法吗？
（3）办公室或者他人丢了东西，你认为大家在怀疑是自己偷的吗？
（4）领导讲不好的现象时，你认为是在讲你自己吗？
（5）爱人不主动了，你认为爱人变心了吗？
（6）别人的眼神不对，你认为是对自己有看法吗？
（7）别人不主动打电话，你认为是有意疏远自己吗？
（8）身体偶然不适，你认为很严重吗？

评分标准：

如果你的回答有3个以上是"是"的话，说明你有过于敏感的心理，应该及时调节，逐步走出阴影。

敏感的人容易产生共情。双方的情绪相同，对方是什么情绪，我也是什么情绪：人喜亦喜，人悲亦悲。这样的人很容易受到别人的感染，看肥皂剧都会哭得稀里哗啦。这种人心软，耳根也软，容易受人影响，容易受暗示和被催眠。

敏感具有两面性：一方面，一个敏感的人很容易理解他人、产生共情与共鸣、富有感性特质；另一方面，敏感的人由于时常会受到他人的影响，而经常被卷入其他人的情绪与事件之中，把其他人的事当作自己的事，其他人的情绪当作自己的情绪。

敏感的人需要保护自己，培养理性的判断能力，并且察觉自己不要被过度卷入其他人的情绪、事件之中。

敏感的人，时刻会有压力的感受，是最不容易守住压力进口的一种人。

6. 干涉纠正

人际界限不清的人，往往以为他比你更了解你。当你产生某种想法、出现某种情绪变化、想做某件事的时候，他会告诉你，你的想法、情绪和行为是错的，不应该这样，应该那样。他将自己的感受和经验投射到你身上去，认为你和他是一样的人。如果发现你和他实际上不一样，他就认为你错了。同时，他又很关心你，希望你不犯错误，于是就来纠正你。这是双重的人际界限不清。

第一，他以为每个人的心理活动都是一样的。

第二，他要对你负责，他想拯救你。

这样的纠正其实非常有害。人际界限不清、暗示性高的人会接受别人的纠正，把自己的真实想法、感受和意图压抑掉。

一个人越是人际关系界限模糊不清，就越难成为自己。当一个人成为不了自己时，就会不停地允许和纵容别人践踏自己的界限，并无意地跨越和践踏别人的界限。这是一个恶性循环，并且每天都在我们的生命中上演着。

在一个借书的微信群，一个妈妈因为没有排上接龙的队，感叹了几句。即使回应也应该是群主回应。但是有一个群友，就代替了群主做出了长篇大论的解释，后来演变成了二人的口水战。压力看似不是有准备的，是突如其来的，事实上，早就准备好了，那就是一个人所习惯的思维模式。干涉纠正他人的人，也许标榜自己的正直，却往往是压力的制造者。

7. 重感情

感情是一个虚幻的东西，别人看不透，自己也搞不明白。但是，人际界限不清的人偏偏非常重感情。对他们来说，事实是什么样的并不重要，重要的是对方心里是怎么想的，是不是爱我。两个人在一起磕磕碰碰、吵吵闹闹、打打杀杀，一点儿也不开心，但是，因为"我爱你"，就舍不得分开。客观地讲，这样的"爱"已经没有意义，它给人带来的只是伤害。但是，他们宁愿承受现实的痛苦和伤害，也不愿意放下虚幻的爱。

有人说：战场上没有永远的朋友，也没有永远的敌人。其实，不光是战场，商场、情场和日常生活中，这句话也是适用的。但是，人际界限不清的人就会把爱恨情仇想象成永恒的东西。他们不只是人际界限不清，连时间界限也不清，过去、现在、将来不分。究其原因，还是害怕分离，不愿与心爱的人分开。他们用虚幻的感情麻醉自己，在精神上模糊人际界限，导致自己的生活出现种种迷茫与困惑又不自知，烦恼与压力接踵而来，实在是一种糟糕的境遇，也实在是到了厘清界限问题的时候了。

以上列举的七种界限不清的模式，也是容易产生自我压力的模式。如果读完本节，并意识到自己有界限不清的模式，建议你寻找有经验的人协助你纠正，严重的情况可以寻求心理医生的帮助。前面在压力定义中说过，压力影响的是健康和幸福，虽然对幸福的定义每个人有所不同，但是压力对健康的损耗是有目共睹的。

本节通过"改变与影响"和"界限不清"让你认清自己能够产生压力

的模式，进而通过自己的支持系统寻求帮助，这就是管理压力的进口：他助。

第三节　过滤杂念（管理压力进口：天助）

前面提到，所谓"天助"就是回到自己的使命和初心。但是为什么在压力来临的时候，人们会茫然不知所措呢？有一种原因是肯定的，就是杂念太多，干扰了你现有的想法。企业教练辅导技术中，常用"绩效 = 技能 – 干扰"的模式提醒大家，要提高绩效，提升能力是一个方面，对抗干扰也是一个方面，有时候对抗干扰的能力似乎更重要。这个模式不仅对职场，对家庭生活同样有意义。现在的幼小衔接的内容，对很多家长而言是可以自己在家辅导的，技能肯定不存在问题，但是为什么要借助外力呢？有两个主要干扰模式：一是家里的环境没有学校里竞争和严肃的氛围；二是家长在辅导孩子的时候有太多的杂念，心思没有完全放在辅导上。一旦孩子捕捉到这些信号，会比家长更会利用这些信号消磨时间，当家长把责任归咎于孩子不努力而不是自己心中杂念太多的时候，就会责备孩子，形成家长和孩子不同的压力状况。

因此，本节将引入正念的概念，帮助你过滤杂念，还自己一个相对纯净的心。

一、面对压力全新的思考方式

现代生活中的我们，总像被上了发条一样，大脑和身体一刻不停地忙碌着。

工作时、聚会时、K 歌时、运动时、排队时、乘车时，我们都在忙碌着刷手机，生怕耽误每一个通知，害怕错过朋友圈的每一个消息。

工作日期待着假期，而真到了假期时光，却又不知道如何好好享受闲暇、心无旁骛地陪伴家人，不是担心有未回复邮件，就是拿着手机不停刷。这样的节奏日复一日，如何破解呢？我们且看一对师徒的对话，兴许会给你启发。

小和尚：师父，师父，您得道前，做什么？

师　父：砍柴，担水，做饭

小和尚：师父，师父，那您得道后呢？

师　父：砍柴，担水，做饭

小和尚：师父，那何谓得道？

师　父：得道前，砍柴时惦记担水，担水时惦记做饭；得道后，砍柴即砍柴，担水即担水，做饭即做饭。

这段小和尚和师父的对话，着实可爱，又颇具深意。

师父在得道前后都做着相同的事情，为何感觉却不同？

得道前，人的心总处在焦虑中，瞻前顾后，顾此失彼，总想把世间的事都做全做好；得道后，心如止水，专注当下，静看花开花落、云卷云舒。经理为了让大家提高绩效，引入了很多培训课程，在下属参加培训期间又设置很多表格，以跟踪学习效果，也许这个举动最满意的是经理的上级。事实上，因为表格形成了培训学习的干扰，所以整体学习效果未必那么理想。不如让大家把培训内容学扎实后，再思考后续行动的问题。因此很多绩效问题不单纯是技能提升的问题。

学习压力管理时。开始学习的时候，觉得每个理论和案例都发人深省；实操的时候，开始怀疑这些理论和案例对自己而言都是特例；当能自主地控制自己的压力的时候，会发现每个理论和案例都是真实的。

正所谓大道至简。

有四个字，谁都会说：活在当下。其实谁不是活在当下呢？此时此刻我还活着，而且不仅活着，我还忙碌着，这不就是"活在当下"吗？

然而，"在瞎忙中度过一天天的时光，生怕错过任何重要的东西，却也注定错过了此时此刻当下的美好。"——这句话听来拗口，但也真就是这么个道理。

美国密歇根大学在2016年的研究表明：如果频繁进行多任务操作，比如一边看邮件、一边回微信、一边查资料，不仅会让你完成任务的时间增加25%，还会导致出错率的显著提升。下面的职场案例也充分说明了这一点。

35岁的王田在上海一家广告传媒公司担任项目策划部的经理。在公司工作以来，他的业绩有目共睹，领导也觉得这个小伙子人踏实，是个很有责任心的人，工作积极性很高。其实，他从小到大都比较顺利，上学时成绩一直很好，担任班干部。工作后他很努力，领导对他也比较器重。

但是，他却对自己的工作状态不满意，甚至经常为此陷入困惑和苦恼之中。这是因为，他在做任何事情之前，总是犹豫不决、反复考虑，做完之后又放心不下。尽管已经对方方面面都考虑得很周到了，但还是很担心别人对自己有看法。刚工作时，他这种患得患失的毛病还不是特别明显，也不会影响到工作，而现在却越来越严重了。虽然王田在别人眼里很有能力和才华，但心中的无奈与痛苦只有他自己才知道。

心理分析

一个人身上的包袱越重，前进就越艰难，心理上也一样。王田心理上的包袱就是他过去成功的经历和肩上的责任。对这些东西，他看得特别重，很怕失去它们，在面临一个又一个新的挑战时，瞻前顾后的他变得越来越小心翼翼、步履维艰了。

那么，王田最害怕什么呢？怕失败。失败会怎么样呢？会失去面子。

他从小到大一直很顺利，在别人面前一直有个美好的形象，所以他觉得自己不应该做得不好，也不能出差错，更不愿被领导批评。人无完人，这样的要求又怎么能达到呢？其实，有缺点的自己，才是最真实的自己。别人怎么看不重要，关键是自己怎么看自己。所以，不要给自己戴上美丽的大帽子，把自己压得喘不过气来。

人在害怕失去的同时，又期望什么都得到，想要这个，想要那个，所以才痛苦。因为肩上的东西太多，把已经拥有的抓得太紧，所以才会患得患失。如果什么都想要，最后往往什么也得不到。

另外，如果一个人凡事考虑的时间太长，顾虑的太多，过分犹豫不决，行动迟缓，就会延误许多机会。一个人的思维太过于发散，不能集中于一点，做事的效率就会受到影响，因为执着和专心才能成功。

王田在工作中除了一部分精力的焦点放在本职工作上，更多的精力却放在了焦虑、犹豫上了，身心能量都被消耗了，所以他才会很累。我们很多人也和王田一样，被杂念所累。解决之道就是减少与工作本身无关的杂念，在工作上要"活在当下"。

所以，"活在当下"的关键是"专注"：专注于此时此刻此地的一件事情。

其实，当我们还是个孩子的时候，这种专注的能力，是如此真切有力地陪伴过我们的日日夜夜。我们玩玩具、打游戏、看蓝天、追蝴蝶……我们的每一个当下，都百分之百地奉献给一件事、一个人、一样东西。但我们长大的时候似乎失去了这种能力。

另外一个故事也给了我们一些提示。

从前，有一位神射手，名叫后羿。他练就了一身百步穿杨的好本领，立射、跪射、骑射样样精通，而且箭箭都射中靶心，几乎从来没有失手过。

人们争相传颂他高超的射技，对他非常敬佩。夏王也听说了这位神射手的本领，也目睹了后羿的表演，十分欣赏他的功夫。

有一天，夏王想把后羿召入宫中来，让他单独给他一个人表演一番，好尽情领略他那炉火纯青的射技。

夏王请来了后羿，对他说："今天请先生来，是想请你展示一下精湛的本领，这个箭靶就是你的目标。如果射中了的话，我就赏赐给你黄金万两；如果射不中，就惩罚你。"

后羿听了夏王的话，一言不发，面色变得凝重起来。他取一支箭搭上弓弦，但想着这一箭射出去可能发生的结果，一向镇定的他呼吸变得急促起来，拉弓的手也微微发抖，连续射了两次，都射偏了。

夏王问大臣弥仁："这个后羿平时射箭百发百中，为什么今天连射两箭都脱靶了呢？"

弥仁说："后羿是被患得患失的情绪害了。"

看来一个人只有真正把得失置之度外，才能成为当之无愧的神箭手啊！

小时候的我们，在被大人们打破这种专注的时候，会感到无比厌烦。而随着我们渐渐长大，我们不仅失去了这份专注，还在三心二意之间打破着别人的宁静。现在的人们已经很难让大脑静下来，什么也不做了。接踵而来的便是压力，它在无形中潜入人们的内心，带来种种烦恼和困惑。

因此，压力烦恼的一个来源就是杂念干扰了我们的专注，以至不能很好地发挥"当下"的力量。那么，如何有效地解决这些问题呢？如何通过专注训练来大大提高生活质量和工作效率，甚至是幸福感呢？在这里给你介绍一种有效的训练：正念冥想。

二、什么是正念

正念是个体有意识地把注意力维持在当前内在或外部体验上，并对其不做任何评价的一种自我调节的方法。

通过正念冥想，我们可以从大量嘈杂烦乱的信息中辨识出最重要的信息，在大脑高度专注的状态下，进行深度思考，从而产生顿悟般的伟大创造。

正念冥想还可以让我们感知自我的存在，能够活在当下，接受自我，悦纳自我，生活在与自己的和谐中。

冥想是一种重塑大脑、改变意识形态的练习。最近的十几年里，神经学家和心理学家不断地挖掘冥想对人类健康的促进作用。这些健康益处包括：减轻压力、抑郁及拖延，提高创造力、专注力和记忆力，缓解睡眠障碍，甚至还能减肥等。

比如，有一天，你接到领导的电话，说你熬夜赶出来的设计方案不会展示在会议上了。你会是什么反应？抓狂，暴躁，或者会和领导争论两句？在挂了电话之后你还会沉浸在愤怒的情绪当中，但你知道，即使这样领导还是不会改变决定，留给你的只是个糟糕的感受。

而正念，就是会让你在这种习以为常、无意识的情绪出现之前按下暂停键，并且转化你的情绪。

正念疗法诞生于1979年的美国，麻省理工学院开设了第一个减压诊所，并设计了一个8周"正念减压疗法"，以正念的方法帮助病人处理压力、疼痛和疾病。

正念被定义为一种精神训练方法。需要明确的是，正念不是心灵鸡汤，不是单纯的简单放松，更不会涉及宗教信仰，它是一种心智训练的方式。

正念在发展中也越来越科学、严谨、系统，它强调对当下不评判，有意识地觉察，无论发生什么，都始终将注意力集中在当下。

而持久地练习正念，可以让我们降低痛苦，缓解压力，提升满足感，并且能够深度地觉察自我。一些研究也证实了正念在改善心血管系统问题、提升免疫力、缓解疼痛（如神经性头痛、腰痛）等方面也有助益。

正念分为两种：正式正念练习和非正式正念练习。

正式是指每天需要空出固定的时间，跟着音频指导语进行练习；非正式是指让练习自然而然地融入生活中的每个时刻。

两种方式相互支持，最后融合成整体。

三、正式正念练习前的准备

正念的训练非常轻松自在。你不需要思考其中的原理，也不需要用力去记忆。你只需要像简单的打坐一样，让正念的态度融入自己的灵魂之中。

你可以每天拿出一点时间，找个安静不被打扰的地方来练习。

请你相信，只要你用心地去完成每天的训练，很快你就能够体会到正念给你的生命带来的改变。

那在正式的正念练习之前，你需要有一些简单的准备，这有助于让你更好地专注于练习之中。

1. 心态准备

对于初学者而言，你要清楚自己练习正念的意义是什么。这有助于你在想要偷懒的时候坚持练习下去，保持坚定的信念，能够让你在练习中更加轻松，享受这个过程。我的个人感受是一旦进入正念冥想状态，一切杂念烦恼顷刻间烟消云散，让自己进入一个自我宁静状态，千万不要把这个训练当成一种任务苦苦地坚持，要感受到正念带给你的变化，并且在你身上生根发芽。

2. 场景准备

选择一个让你感到安全、舒适的，并且不会被人打扰的地方，可以是家里或者办公室休息室，准备一把带有直靠背的椅子，或者一个较厚、较硬的垫子放在地板上。穿上舒适的衣服，准备一个毯子在旁边，以防着凉。

3. 练习姿势

训练之前做几个热身动作。活动身体各关节，颈部、手腕、肘、肩、腰、胯、膝、脚腕等关节。

花点时间找到一个舒适、稳定的姿势坐下来，如果你选择坐在椅子上，尽量坐在椅子的前三分之一处，尽量不要靠在椅背上，让自己保持背部的挺拔，又不僵硬。双脚平放在地面上，不要交叉，双肩下沉，双手自然地落在大腿面上。

当然你也可以选择坐在垫子上，臀部要离地面8～15厘米，双腿像打坐那样盘起来，散盘、单盘、双盘都可以，以你的能力为准来选择不同盘腿坐姿，膝盖落在地面上，同样，背部要保持挺直而不僵硬，放松你的双肩，让双手落在大腿上。

如果练习身体扫描，可以平躺在床上进行。尽量不要枕枕头，如果脖子不舒服，可以在头部下方垫一个小毛毯。

无论你采取哪种姿势，都要让自己的身体保持放松的状态，舌尖轻抵上颚（上牙根后），嘴唇轻轻闭合，眼睛微闭或全闭，观看鼻尖方向，头颈保持正直，微收下颌，让头脑保持清醒。

4. 练习时间

保持清醒是在练习中非常重要的，最适当的练习时间是在早晨起床后，如果你还想睡，可以用清水洗把脸。在初学者练习正念时，将睡意和外在环境的干扰降到最低，会对你非常有帮助。设置好一个时间，可以先从 5 分钟开始，逐渐增加时间。最好每天空出一段整块的时间，例如早饭之前进行冥想练习，为一天打下好基础。

5. 七个态度

（1） 接纳 （Acceptance）

接纳意味着看到事情当下的本来样貌。如果头疼，就接受自己头疼。

通常我们都得经过情绪化的否认或愤怒后才懂得接纳，这是自然的发展，也是疗愈的历程。疗愈就是如其所是地与所有人、事、物达成和平协议。

撇开耗费大量精力的重大灾难不讲，日常生活中，我们其实消耗很多能量来否认或抗拒已经发生的事实，因为我们总希望事情能依照自己想要的方式进行。但这只会制造更多的紧张与压力，也阻挠了正向转变。我们急于否认、强迫与挣扎，只剩下少许的力气留给成长与自我疗愈，更糟的是这少许的机会在缺乏觉察下又被我们自己挥霍殆尽。

接纳，不表示你必须喜欢每一件事情，不意味着你必须采取一种消极的生活态度或放弃你的原则与价值观，也不表示你必须对现状满意或只能宿命地顺从容忍。接纳，不表示你应该停止改进不好的习惯或是放弃追求成长的欲望，更不表示你必须容忍不公不义或回避投入改善环境的努力。

接纳，单纯代表着你愿意看到人、事、物的真实样貌。不论生活中发生什么事情，你能确实看清所发生的状况，不受自己的评价、欲望、恐惧或偏见所障蔽，如此一来，你才更能采取适宜的行动。

正念练习培育接纳的方法，就是好好承接每分每秒的真实样貌，全然与此真实样貌同在。我们不强迫或勉强自己应该如何，只是提醒自己对于所感受到、所想到与所看到的一切，都抱持涵容与开放的态度，因为这就是当下的存在。如果我们能够维持对当下的持续专注，就会明白并确定，一切都会改变的。每分每秒都是练习接纳的良机，而学习接纳本身即已富含智慧。

（2）初心（Beginner's mind）

当下的生命具有极大的丰富性。我们经常以自己的想法和信念来看待我们所"知道"的一切，这反而阻碍了当下的真实体验。我们视所有平凡为理所当然，错失了平凡里的不凡。为了观察当下的丰富性，我们需要培养"初心"的态度。初心，指的是当我们面对每个人、事、物时，都好像是第一次接触。

在正式正念练习时，这种态度尤其重要，不论是练习身体扫描或静坐，都要以初心的态度来进行。唯有如此，我们才能不被过去的经验所衍生的期待或恐惧所影响。具有开放的态度，让我们涵容人、事、物的各种新可能，让我们免于被自以为是的专精所捆绑。生命中没有任何一分一秒是一模一样的，每一秒都是独特的，蕴含了各种可能。初心，提醒我们这个简单的道理。

初心在日常生活中就可以培育了。就当作个实验吧！下次在你看到熟人时，试着问自己，你是用一种鲜活的眼光看到真实的他，还是只看到你心里所认定的他；或是对你养的狗儿、猫儿，也试着问自己同样的问题。当你在户外时，看看你是否能以澄明平静的心，真正地看到天空、白云、树丛、石头，如它们当下所呈现的？抑或你只是透过自身想法、观点、情绪的有色面纱来看这一切？

（3）放下（Letting go）

培养放下的态度在正念练习是十分重要的。当我们开始专注于自己的内在体验时，很快就会发现这颗心总希望控制某些想法、感觉或状态。如果是愉悦的经验，我们试图延长、扩展，甚至一次又一次地召唤相关经验。若是不愉快的、痛苦的、令人恐惧的经验，我们就会努力减除、阻止或闪避。

正念练习中，对于所经历的一切，我们刻意学习放下心中看重或排斥的倾向，让各种经验如其所是地呈现，保持时时刻刻的观察。放下，是一种顺其自然并接纳事物本来样貌的态度。当观察到自己的心正在抓取或推开某些东西时，我们有意识地提醒自己放下这些冲动，再看接下来的内在会如何转变。当发现这颗心正在评价时，我们觉察此现象，却不跟随任何评价的内容，允许评价升起、存在与消逝，以此学习放下评价。类似的做法，当过去或未来浮上心头时，借由直接观察这些思绪并安歇于觉察本身，因而得以放下它们。

我们对放下其实不陌生，每天睡觉时都在放下。我们在一个安静的地方躺下来，把灯熄掉，放下自己的身与心。若无法放下，就无法睡着了。

多数人都曾因思绪无法停止而睡不着，这是压力升高的一个征兆。我们无法释放某些想法，因为实在太过投入了。此时若强迫自己入睡，情况只会更糟。因此，整体看来，如果你还可以入睡，表示你已经是放下的专家了。现在只需学习将这种放下的能力，运用到清醒时刻就可以了。

（4）不争/无为（Non-striving）

一般来讲，几乎我们所做的每一件事情都有目的，例如，为了获取某些东西或到达某个地方。然而，在正念练习中这样有所为而为的态度可能会导致不小的阻碍，因为正念其实不同于人类其他的活动。即便需要很多的努力与能量，但终极而言，正念是无为的、是非行动的，除了做你自己之外，正念没有别的目标。

举例而言，当你坐下来练习静坐时，你想着"等一下我就可以放松了"或是"我会变得更有智慧，我将可以控制疼痛或成为一个更棒的人"，此时你心里已经为自己设定一个应该达到的境界，这也暗示其实你现在是不好的。

"如果我能更冷静、更聪明、更努力、更这个、更那个就更好了！""如果我的心脏能更健康、膝盖能更强壮，那该有多好！但是，现在的我是不好的！"这种态度会侵蚀正念的培育，正念要求纯然专注于当下所发生的一切。如果你是紧张的，就专注于紧张；如果你是痛苦的，就尽所能地专注于痛苦；如果你正在批判自己，就观察你的心正在进行评价的活动，就只是观察。请记住，我们允许分分秒秒所经历的一切存在于当下，因为它已经是如此了。只要单纯地在觉察中拥抱、涵容它，不需要对它做任何事！

你很快就会发现，在正念的领域中，达成目标最好的方式，就是别用力追求你所渴望的结果。取而代之的是，分分秒秒如其所是地仔细观察所有的人、事、物，进而接纳当下所呈现的一切。

（5）信任（Trust）

在正念训练中，逐渐发展出一种信任自己与信任自身感觉的态度。过程中也许会犯错，但总比你一味追求外来指导好多了。有时候你可能会觉得不对劲，此时何不尊重一下自己的感觉呢？为何要因为某位权威人士有不同的意见，就轻易忽略或抹杀自己的真实感受？在往后所有练习中，信任自己与信任自己基本智慧的态度是很重要的。

你永远不可能成为另一个人，你只能期待更充分地成为自己，而这也是练习正念的首要理由。虽然对学习来源保持开放与尊重的态度是很重要的，不过到头来你还是得自己过生活，因此老师、书籍、影音媒体都只是导引与建议。练习正念，就是练习负起做自己的责任，学习倾听与信任自己。有趣的是，你愈培养对自己的信任，你就愈能信任别人，并看到别人善良的一面。

(6) 耐心（Patience）

当我们透过正念练习来滋养自己的心灵与身体时，我们得时时自我提醒，别对自己失去耐性。不论失去耐性的理由是因为我们发现自己老是处在评价的状态，或是我们感到紧张、焦虑、害怕，或是因为我们已经练习一段时间却毫无所获，我们都需要给自己若干空间来涵容不舒服的经验。为何？因为这些都是我们当下生命的真实呈现。我们学习对待自己犹如对待蝴蝶之蛹，既然如此，何须为了某些所谓的"更好的"未来而急急催促现在呢？毕竟，每一个时刻，在那当下都是自己的生命啊！

当心动荡不安时，耐性协助我们接纳它，也提醒自己不需要受动荡所困。练习耐性使我们明白，更多的活动或思考其实无法让我们活得更富足，反向操作才有可能。耐心，就是单纯地对每个瞬间全然地开放，承接蕴含其中的圆满，明白事物只能如蝴蝶般，依其自身的速度开展与呈现。

(7) 非评价（Non-judging）

正念的培育是透过仔细专注你自身分分秒秒的经验，在此同时，尽可能不受自己的好恶、意见、想法所牵制。这让我们直接看透事理，以一种客观、不偏不倚、不加掩饰的态度来观察或参与。要能对自身的经验采取这种立场，首先，对于各种内在或外在的经验，你必须能觉察心里川流不息的评价与惯性反应；其次，学习从这些评价与惯性反应中，往后退一步。当我们开始学习关注自己的内心状态后，会惊讶地发现，原来我们总是不停地在评价各种经验，对于所见的一切，几乎都以自己的价值和偏好为基准，不断地分类并贴上标签。

各种大大小小的评价盘踞心头，让我们很难感受到平静，很难对内在或外在正发生的事情有敏锐的洞察，于是这颗心像溜溜球，整天随我们的评价上上下下。如果你对这样的说法感到质疑，只要在上班途中抽出十分钟时间观察自己，你就会发现心头充斥各种的喜欢与不喜欢。

练习正念时，心中一旦升起任何评价，能加以辨识且刻意采取更广阔的观点、暂时停止评价、保持不偏不倚的观察是相当重要的。当你发现自己的心已经在评价时，不需要阻止它，只需要尽可能地觉察正在发生的一切，包括你所采取的各种惯性反应。此外，对已发生的评价可别再加以评价，这只会把情况弄得更复杂。

举例来说，在练习观察呼吸时，你心中升起"这真无聊""这根本没用"或"我做不来"的想法，这些其实都是评价。当这些想法浮现时，以下的做法非常重要：首先明白这些都是评价性的想法；其次提醒自己先搁置这些评价，既不追随这些想法，亦不对这些想法起任何惯性反应，只要单纯地观察心中所浮现的一切；然后继续全心全意地觉察呼吸。

四、常见的几个正念练习

1. 正念呼吸

你观察过你的呼吸吗？

通常我们会认为呼吸仅仅是代表生命还活着，它每天自然而然地发生，不去给它过多的关注。但别忘了，呼吸是连接大脑和心灵的桥梁，能够统合你的身体和情绪。

正念呼吸是所有练习中的基础，也是你对抗压力的所有技能中，最强大的压力情绪管理工具之一。

正念呼吸的练习不限时间，不限场所，更无论你是谁，只要当你心思游离的时候，都可以拿呼吸当工具，重新掌握你的心。

在正念呼吸练习中，你不用去做任何事情，只需要找个舒适的地方坐下，怀着耐心和接纳，将注意力放在呼吸上，去观察此时此刻你的身心体验，就让呼吸自然地发生，不去刻意地做出改变。

正念呼吸是进行正念训练的重要方法，是进入专注力，宁静心灵的第一堂课。正念呼吸是现在我们进行的心理治疗中的一项练习技术。

随着生命的开始，我们往往会忽略呼吸功能的存在，或者说自己在每天忙日常生活琐事时，不知道也不会想此刻呼吸还存在。但一些有焦虑症的人，或者有恐惧症的人，却每时每刻都在担心自己会死去，感觉自己呼吸快停止，气管会被卡住，担心心跳会停止。好像这些可爱的朋友只有对生命担心的时候，才会想起呼吸是否正常，才会害怕自己呼吸是否会停止。我们生命中最重要的事情就是发现生命中最珍贵的体验。我们呼吸的平静与否取决于内心是否宁静，内心的宁静与否也直接影响到我们的呼吸功能和状态。心慌的人呼吸是不会顺畅的，焦躁的人呼吸是不会平缓的，抑郁或者烦恼的人呼吸也是不会平静的，急切地想达到其目的的人呼吸好像也不会是正常的状态。当我们呼吸发生变化的时候，体内的状态已经发生变化，我们每时每刻吸进来的是氧气，呼出去的是废气，呼吸变化时，我们体内的含氧状态也会发生变化。当我们经受着日常生活的苦恼时，当我们备受身体痛苦或者心理痛苦折磨时，怎样做才能走出这些困扰呢？那就要从珍惜生命开始，从感恩生命开始，不要浪费自己的生命，不要折磨自己的身体。怎样来体验生命的珍贵，爱自己的生活，爱自己的身体呢？就从正念呼吸训练开始，这项练习是我们进入宁静生活的第一步，也是进入宁静心灵的一把钥匙。进行正念呼吸的练习，是让自己活在当下的一种体验或者方式。并且随着练习的深入，会使自己注意力增强，心更宁静和放松。

下面我对正念呼吸做详细的指导。

练习的时候，最好选择比较安静的环境，光线不要太强。坐时要端正身体（首选这个姿势），也可以半卧位，最好不要选择平躺。不建议听任何音乐，然后将你的注意力集中到你的呼吸上。

开始观察自己的呼吸，不判断，不分析，不做任何有关调整呼吸的动作。只是观察你的呼吸，只是单纯地注意。

观察你的呼，观察你的吸，将心保持在呼吸上，不论吸气与呼气都保持专注。你将心停留在鼻孔上，并观察呼吸"入、出"，心一定要停留在鼻腔，不可跟随呼吸进出身体。你必须尝试将吸气与呼气两个事物分开，吸气在呼气时不存在，呼气在吸气时也不存在。

在观察自己的呼吸时，有四种方法可以循序进行：

（1）当你观察到自己吸气长时，就观察吸气长。
（2）当你观察到自己吸气短时，就观察吸气短。
（3）当你观察到自己呼气长时，就观察呼气长。
（4）当你观察到自己呼气短时，就观察呼气短。

做正念呼吸就是全身心地观察自己呼吸本来的状态，不必去调整或者要达到什么样的目的。对初学者来讲，不要急躁，不要刻意，不要放弃，要坚持下去。当你观察自己的呼吸时，一定要尝试清楚地看见呼吸的全部。觉知它们，尝试看清它们。必须尝试看清每个呼吸的开始、中间过程以及结束的每个阶段。在观察呼吸中，没有太多努力或者刻意，去分辨现在呼吸是长还是短，是粗还是细，而是顺其自然地观察自己的呼吸，仅此而已！而且随着正念呼吸练习越久，你的呼吸将变得越微细，越轻绵，就越难辨认呼吸的粗细或者长短，这个时候，要继续正念呼吸训练，你一定要不断地鼓励自己觉知微细的呼吸，直到它们再次变清晰为止。

当我们做正念呼吸时，会出现注意力不能集中在呼吸上的情况，你要做的就是自然地回到呼吸上，继续观察呼吸。在正念呼吸时，你除了呼吸，什么也看不到。只有呼吸，没有个人、生命、女人、男人、个体等。只有呼吸，没有调节、命令或创造呼吸的人，就只有呼吸。如此，正念才得以建立起来。正念呼吸的训练是打开我们平静心灵的重要步骤，也是体验当下必须要真正体验的经验。珍惜生命，感恩生命，自由地爱，从正念呼吸开始。

练习要点

用鼻子吸气，嘴巴吐气，吐气时可以发出轻轻"呼"出气的声音。

呼吸尽可能地缓慢，用腹部呼吸，呼吸时腹部要有起伏，并尽可能让呼吸往下沉。

面带微笑，尽可能让心情保持愉悦。

刚开始，如果在练习中走神了，脑袋中会冒出各种各样的想法或事件，不要排斥它们，而是要注意到它们的存在；不要评价它们，不要指责自己，而是接受它们。然后试着再一次温和地把注意力拉回到呼吸上就好，对自己始终保持接纳和耐心。

谨记我们正念练习的任务就是专注于自己的呼吸。

冥想是集中精神的自我体验，并不是无意识，也不要睡着。

开始训练时，可以听一些舒缓的音乐，听大自然的声音来辅助练习，也可以跟随指导语练习。

每天空出一段整块的时间进行冥想练习，并尽量安排一个固定的地方。

通常冥想十分钟之后才能逐渐进入状态，所以一开始期待值不要太高。

练习结束后，可以搓热双手敷在自己的眼睛上，轻轻地动动手指和脚趾，如果感觉腿麻可以拍打按摩腿部，等身体适应了再慢慢地站起来，避免因突然改变体位而头晕眼花。

练习时间

每次正念呼吸练习时间以 45～60 分钟为最佳。如果你是初学者，可以从 10 分钟的练习开始，循序渐进增加正念呼吸练习的时间。

正念呼吸练习指导语

找一个舒适安静，不会被他人打扰到的地方，以自己最舒适的姿势坐下来，放松你的双肩，双手以轻松自然的方式放在双腿上，让你的身体呈放松舒适的状态。如果感觉到身体某些部位有些僵硬，或者有任何的不舒适，可以稍微调整一下，慢慢地把自己的状态调整平稳。

接下来，我们来做两个深呼吸。

现在请你把注意力集中在腹部，你可以尝试把手放在腹部的位置，找到让腹部温暖舒服的感觉，有节奏地呼吸，让腹部随着呼吸也同样有节奏地起伏，新鲜的空气吸入带来腹部的凸起，让腹部充分凸起，然后缓缓地吐气……让腹部凹陷下去，缓缓地按摩着你的内脏，像是进入最深度的自我意识。

在这个过程中你可以尝试在心中默数，来控制呼吸和腹部运动的节奏。一呼一吸之间，你可以根据自己的肺活量和舒适程度，选择合适的数字来保持节奏。比如你可以做数到 5 的吸气，再做数到 5 的呼气，就像这样：吸、二、三、四、五，呼、二、三、四、五，如果你的肺活量较小，可以数到三，或者数到二，这取决于你的自我感觉。

在数数的过程中我们可以很好地排空杂念，专注于数数这件事，不再纠结和分心，不再做评判，心态平和，安心于当下的数字和节奏。这样可以帮助你更好地做练习。

好，继续，有节奏地呼吸，默数，注意力集中，放松……

不需要去思考刚才那个呼吸是怎样的，或者接下来的呼吸又如何，只需要把你的注意力放在当下的呼吸上……

2. 身体扫描

身体扫描是正念的核心练习之一。它能够让我们的意识有条不紊地觉知身体的每一个部位，以这样的方式来探索你身体本有的感受，唤醒对身体的觉知。

强烈的情绪不仅体现在想法和心理变化上，它同时也会表现在身体的感受上，比如当你感到工作带给你巨大的压力时，你的心情会焦虑、烦躁，同时，你也会伴随着头痛、胃痛、肩膀僵硬等身体不适状态。

身体扫描给我们提供了一个新的视角，让你学会以感知的方式去看待问题。当你能够把对想法和心理的关注转移到身体变化上时，就可以有效地缓解你的情绪压力。

练习要点

在练习过程中，你可能会感受到身体有疼痛、僵硬、麻木、沉重、温暖、舒适等不同的感觉，可能这种感受还伴随着你的情绪和想法。无论如何，我们都不会去用任何方式来控制和分析你的身体，只是去承认和觉知当下任何的体验。

选择一个舒适不被打扰的地方仰卧躺下，可以是床上、地毯上等。

在练习中要保持清醒，如果你觉得有睡意，可以睁开眼睛练习，如果觉得腰下悬空不舒服，可以在腰下垫一个薄毯。

练习时保持面部微笑，体会全身放松的感觉，体会从面部到脖子、肩膀、四肢的延展。

在练习中把呼吸当作锚定点，如果有任何走神，都用呼吸把注意力带回到身体的感觉上。

身体扫描可能不会有立竿见影的效果，但也要尽自己所能地坚持去做，练习本身就会最终给你带来答案。

可以把指导语录下来，再跟随练习，也可以大概记忆这个过程凭感觉练习。

练习时间

建议每天花 45 分钟在这个练习上，一周练习 6 天，至少坚持两个星期。如果你是初学者，可以从 20 分钟的身体扫描练习开始，当你适应了这个练习方式后，逐渐增加练习时长。

身体扫描练习指导语

轻轻地呼吸，让自己的注意力集中在头部的感觉上，也许有一点头皮发麻，也许有一点头脑发沉，让这些感觉慢慢变清晰……

如果头脑中有一些杂念，这很正常，无须刻意控制，你只需要将注意力轻轻地拉回到自己的感觉上就好。感受大脑承受的压力，它每天要做无数的思考和判断，而这一刻，你可以很好地关照它，让它只是把注意力放在头部的感受上，不思考，不判断，不做选择，不做决定，只是关注它的感受，慢慢地让它放松下来，完全地松弛下来……

接着，让注意力集中在你的面部，慢慢地放松，额头舒展开，面部肌肉放松下来，紧绷的口腔也放松下来……

将注意力移动到你的颈部，颈椎每一天都承受着很大的压力，持久僵硬的坐姿让颈部每天都不是很舒服，现在请你只关注这一刻颈部的感受，或者松弛或者紧绷甚至疼痛，请你关照它，抚慰它，让它得到当下的平和宁静，完全地放松下来……

现在请把注意力放到你的肩膀上，肩膀是担起责任和义务的地方，每天紧绷着肌肉，帮助你承担着每一天的任务。现在请你关照它，让它自然下垂，感受每一块肌肉是否有疼痛和紧张，把注意力放在紧张的部位，专注在这里，对它说："你一直在努力做得更好，现在请你暂时放下所有的责任，让紧张感慢慢得到融合，完全地放松下来……"

现在请你把注意力放到你的背部，这是支撑我们身体的重要部位，让它挺直并且获得比较好的支撑，这非常重要。或许会有一些酸痛或者紧张的感觉，把注意力放在这些部位，感受椅子或者床和这些部位的接触，让背部感受来自这些接触的支撑，由内而外地舒缓肌肉……

现在请你把注意力放到胸部，感受轻松的呼吸，让呼吸的节奏变得舒缓，让肺部的废气排出，让压抑的内心一起得到释放，感受空气从鼻腔流入到胸部，清凉的空气让你感到舒适，注意力集中，放松下来……

当你准备好，将注意力放到腹部，感受呼吸带来的腹部的起伏，横膈膜同时有节奏的升降，让内脏都得到了很好的按摩和放松。感觉腹部的内在，这是我们拥有直觉的地方，让呼吸在这里流动……

现在请你把注意力放到双臂和双手上，自然地下垂，它此刻不再运动，不再劳作，放下所有的事情，释放所有的压力，注意力集中，完全地放松……

现在延伸注意力到双腿和膝盖上，感受来自腿部的活力，感受每一块肌肉每一块骨骼都在释放着内在的力量，感受被呼吸影响到的血液流动，注意力集中，放松……

继续探索到双脚，它最容易被我们忽视，却又最重要，一个小小的创痛都可能让我们跌倒在前行的路上。双脚默默无闻，每天负载着巨大的使命。此刻让它放松下来，重新获得力量，持续的力量，使你更加坚定和平和，你在这种力量的支撑下，会更好地面对每一天的新生活，注意力集中，放松下来……

3. 正念吃葡萄干

你可以去回想一下，今天的午饭你是如何吃的？

可能你边看手机边吃饭，可能时间紧迫，3分钟就吃完了午饭，甚至你都没注意到自己是否咀嚼，没尝到食物的美味就吃了下去。

这就是无意识进食。快节奏的生活让我们形成了这样的习惯。

"葡萄干练习"就是让我们从这样的无意识之中脱离出来，进入到当下的存在模式，用身体和感官来感受事物，而不是习惯性地用大脑去思考。这能让我们接触到生活的本来面目。但即使是这样，你的想法和思绪也会不断地飘向其他地方。

正念让"葡萄干练习"闻名。这个练习需要你带着好奇和有意识的注意来练习，同时要对你感受到的所有感觉不加评判。

长久地坚持这个练习，你会发现，只要我们的注意方式改变，我们的感受就会发生变化。比如当你沉浸在负面情绪的时候，你的注意力全部都在自己的情绪上，越陷越深，如果把你的关注点转移到这件事情本身的时候，觉察原本你可能错失的事物，重新梳理事件本身，你的情绪就会发生变化。

练习要点

如果没有葡萄干，可以换成核桃、杏仁等其他替代物。

练习中需要你想象自己是第一次见葡萄干，对它充满好奇，去观察它的形状、颜色、大小、质地和透明度等，体会把它拿在手里是什么样的感觉，晃晃它，是否会发出声音，闻一闻它的味道如何。当你最后发现，哦，原来它是可以吃的，你慢慢地把它放进嘴里，用舌头感受它是什么味道，咀嚼的时候口腔里会发生什么变化，充分地去感受这颗葡萄干，直到最后咽下。

练习过程中需要你很多的耐心去专注于葡萄干。可能你会急于完成这个练习，可能你会埋怨自己情绪不稳定，无论怎样，你始终要对自己保持接纳和不评判，允许事情自然而然地发生，也允许自己的注意力一遍一遍地拉回到练习中。

可能你会羞于以这样的方式去吃葡萄干，或者害怕别人异样的眼光。没关系，这只是你的成长必经之路，不必在乎别人的眼光，你只要专注于练习就好。

你可以把这个练习运用在更多的地方，比如吃水果的时候，吃饭的时候，喝水的时候，想象自己刚刚来到这个文明社会，去体验每一个新鲜事物。

练习时间

建议每次练习 20~30 分钟。

正念吃葡萄干练习指导语

拿起一粒葡萄干，放在你的手掌心。下面请想象着你从来没有见过这个东西，确切地说，你确实是第一次看到这粒葡萄干。花些时间来发现，以下的练习可能会持续几分钟。

现在就请开始仔细地观察你掌心的这个东西吧。

第一步，凝视它，认真观察它的形状、颜色、表面和表面的纹理。用你的拇指和食指捏住它，感受它的温度、质地，观察当你转动它时，它是什么颜色，哪些地方颜色比较深，哪些地方颜色比较浅。你是否能感受到它在你手掌中的重量？它是否在你手掌中投下了小小的阴影？

你可以闭上眼睛，体会指尖触摸它的感觉，感受它的重量。感受它的表面，感觉一下它的柔软度、硬度、粗糙度、平滑度。你能感觉到表面的褶皱吗？它们是均匀分布的吗？尝试着用手指转动一下这个东西，感受一下它形状和质地的变化。

第二步，将它放到鼻尖，闻它的气味。闻起来有什么味道吗？是甜的味道，还是咸的味道？是有些泥土的味道，还是什么味道都没有？当闻到这些味道时，你身体是否会有一些变化呢？留意一下你的嘴里或消化道里可能会有的反应。此刻脑海里会有什么样的念头闪现呢？也许是记忆中的关于喜欢或不喜欢这类东西的场景，也许是美好的，也许是不美好的。也许你会想："我为什么要做这个奇怪练习？""这会对我有什么帮助？"请你包容这所有的想法吧，用呼吸再把注意力带到当前对气味的觉察上。

第三步，将这个东西举到耳边，用手指轻轻晃一晃它，或者捏一捏。你能听到什么声音吗？是它自己发出的声音，还是用手指搓动时发出的声响呢？这样做也许有些可笑，没有关系，用初学者的心态来尝试一下吧。

第四步，轻轻地将它放在嘴唇上，先不要吞进口中，用嘴唇来感受它的质地。和刚才用手指感觉有什么不同吗？在这个过程中，你要去注意自己的胳膊和手是如何准确地做出这个动作的。

第五步，请将它放入口中。先让它在舌头上待一会儿，有什么样的感觉？感觉一下你的舌头是如何熟练地拨弄这个东西的。感受此刻是否有想把它吃下去或吐出来的冲动。

当你准备好，就请开始咀嚼吧！同时要注意你是用牙齿的哪个部位咀嚼它。然后有意识地咬一口，看会发生什么，体验每次咬的时候味道的变化，先不要吞咽，感觉牙齿穿透它时口中滋味的变化。

当你慢慢咀嚼时，注意口腔内的变化。注意它在你嘴里是怎样从一边跑到另一边的，同时也注意一下它散发的味道，在你咀嚼这个物体的时候，它的黏稠度是如何变化的。当咀嚼充分时，慢慢地咽下它。你能感觉到它从食道通过的感觉吗？此时，口中还有味道吗？

第六步，看看葡萄干进入胃之后还留下什么感觉。用一点儿时间，感受吃完葡萄干后的影响。口腔中是否还有余味？没有了葡萄干，口腔的感觉如何？

体验一下在完成此次正念练习后，全身有什么样的感觉。你能感觉到此刻你的身体多了一粒葡萄干的重量吗？

五、训练中的注意事项

1. 正念中的思绪游离

如果你已经做过正念练习，那么你会发现，在每次的练习中，思绪总会飘来飘去，你不断地和思绪做斗争，想要战胜它们，好让自己专注于练习，但却总是失败。可能你责备自己不够专心，怀疑正念练习不适合自己，开始想要放弃。

没关系，来看看下面这个小练习。

眼神先离开书一会儿，去想想其他的事情，但你千万不要在脑中出现一头奔跑的猎豹，不要去想任何关于猎豹的样子，坚持一分钟。

现在告诉我，你是不是无法压抑想猎豹的念头？

别怀疑自己，因为大多数人都会和你一样。

这是正念的必经之路，不仅仅是你，每个人都会在练习中产生这样或那样的想法，当你越想要压制想法的时候，想法就会越活跃。

正念的过程，就是提升专注力和觉察力，以在觉察中平衡大脑思想的过程。但你要知道，思想本身并没有错。

看看身边的科技、哲学、艺术等所有人类文化的瑰宝，不都是通过思想的碰撞产生的吗？然而，思想如果没有被觉察，它就如同猛兽，当思想与你未被验证的负面情绪连接时，就会给你带来巨大的痛苦，这会影响他人，甚至会影响自己。

去和想法做朋友吧！正念的过程并不是想要用何种方法去控制和改变

你的想法，无论在练习过程中出现什么样的想法和思绪，就让自己在觉知中以宽容和温和的心去包容接纳它们。这对于初学者来说尤为重要。

如果在正念中尝试去压制想法，可能会让你感到身心俱疲，这就如同你要让海上不再有波浪一样。海面上的波动会随着气象变化而变化，这是再正常不过的事情了。可能在没有风，气候温和的时候，海面上看起来似乎平静，但这不意味着它完全没有波澜；当暴风雨来袭之前，海面就会波涛汹涌，但如果你有所了解，此时的海底还是如往常般平静，丝毫不会受到外在气候的影响。

这就如同我们的心，表面的情绪会随着各种各样的事情发生变化，时而激烈，时而平静，但我们却很少觉察到。我们也会被想法所蒙骗，误以为它们就是客观真实的，但它们就像海面上的巨浪，只是展现出了狂傲的姿态，而我们的内在深处，依然平静、温和。

在练习中，无论你多么频繁地注意你的思绪有了漂移，然后都要轻柔地把注意力带回到呼吸上，并继续关注每次呼吸时躯体感觉的变化。

尽你所能，把一份善意带入觉知，或许可以把思绪的反复漂移看作一个机会，去培育对自身更大的耐心，以及对自身体验的一些慈悲。

觉察思绪的练习指导语

现在，让你的注意力从呼吸转移到身体上，留意此时身体的整体感觉。当你准备好了，可以从头顶开始，用意识快速且温柔地扫描全身，觉察身体的每一个部位，留意身体哪些地方感到紧张，哪些地方感到舒适。同时，允许念头随着呼吸自由地出现或消失。

当你觉察到自己走神了，只需要将注意力温柔而坚定地重新拉回来就可以了。如果在觉察念头的过程中，感受到某种强烈的情绪，请不要对这些念头和情绪有过多的考虑和评判，只是允许它们存在于此处。即便此刻没有任何情绪，也没有关系，我们不用刻意去寻找情绪或者念头。请你继续感受呼吸的节奏和身体随之的起伏，不要改变它们，只是跟随它们。

沉迷于我们无法掌控的想法和念头，无异于拖着骨折的胳膊去打拳击，这只会让痛苦不断地重现。每当自己想要尝试去控制这些念头的时候，问问自己，这样它们会消失吗？自己的焦虑会减轻吗？然后继续把注意力聚焦在你的呼吸上，继续吸气，呼气……

如果你感到注意力无法安定，可以尝试跟着呼吸的节奏去数数，这会让你更加专注。留意自己对头脑中各种念头做出的反应，是否在排斥或者远离它们。不管怎样，记得将注意力放在呼吸上，去随着呼吸觉察当下所发生的一切……

2. 别把想法当真

我们会去判断别人说的话是否真实，但几乎不去质疑自己大脑中的想法是否合理，因为我们更坚定地认为没有人比自己更了解自己，所以那些想法也就值得信任。

比如你的前一任男友对你造成了很大的伤害，在你的意识中就会认为"男人都不是好东西"。当你在遇到一两个人品差的男人后，会更加坚信自己的想法，这在你后续和异性相处的过程中，形成了刻板印象，你总是会找到他们的缺点来证明自己的想法是正确的。

事实上却并非如此，这一切都只是你的想法而已。

我们不需要太相信头脑中的想法，它只是这一秒钟出现了而已，下一秒就会消失。这些想法也许会给我们带来创新和领悟，也许会给我们带来情绪负担，也许会影响我们的生活状态。无论它是好的、坏的，还是美的、丑的，我们只需要去觉知到它就好。

质疑你的想法的练习指导语

你的头脑中会出现各种念头来打断练习。没关系，把每个念头都当作是一次考验，当它们出现的时候，问问自己：这是真实存在的吗？它真实发生过吗？如果不是，那它只是单纯的偏见，对吗？如果它不正确，我们就没有必要被它所困扰。不断地去质疑我们的想法，我们才有机会从想法中走出来，并且推翻它们。就这样，每次走神后，去觉察你的念头，质疑它，然后温柔地把注意力一次又一次地带回到呼吸上就好。

继续关注你的呼气……吸气……

觉察自己是否又陷入了重复的想法或信念中呢。你是否开始焦虑你没有做完的工作？是否又在担心明天的股票问题？你是否因为伴侣的小失误而认为他/她不爱你？去留意自己观察事物的角度，看看这些想法是如何来影响你的感受和情绪的，这就是你的思维模式。

我们会卷入念头的风暴中，并被它左右，这时，大胆地去质疑其真实性。你害怕带毛的小动物，觉得它们会抓你、咬你，但事实上你从来都没有养过小猫小狗；你只是经历了一次失败婚姻，你就开始不再相信爱情；仅仅是一次考试失利，你就觉得自己笨，学不会任何东西……这些想法和念头，阻碍你去实现更多的可能性，每次都在还没开始之前就认定了失败。

这些想法错了吗？没有，想法只是想法，错的是我们对此深信不疑。我们的想法不断地被强化，这会让它们变得更强烈，这不是让你去忽略它们，而是让自己作为一个旁观者，每当它出现的时候，就去不断地质疑它：这是客观事实吗？在练习中时刻保持对念头的觉察，重复地把注意力带回到呼吸上。

有些想法对我们并没有什么用，当我们能够质疑并且推翻它们的时候，我们形成新想法的能力就会不断增强，我们的思维模式就在这个过程中慢慢地改变。

继续关注你的吸气……呼气……

如果你今天被上司批评，难道你就不适合这个工作吗？你就是个失败者吗？你要坚持这个想法，还是推翻它？哪种选择会对自己更有帮助呢？

只有意识到被批评不代表什么，你才能够总结工作经验，在今后的工作中更加出色。想法只是想法，正确的想法和观念能够促使你变得更好。

让自己专注在此时此刻的呼吸上，如果你在练习中因为无法专注而感到沮丧，你也不妨这样想：能够抽出时间来练习正念，这本身就是值得庆祝的事情，正念本身并没有好坏之分。看看这样想，你会有怎样的感受。

让我们在探索自己真实想法的过程中，摆脱思想的囚笼，看到外面更广阔的世界。

六、非正式正念练习——日常生活中的正念

谁说正念冥想只是盘腿打坐那么一本正经？——洗碗、吃饭、走路、洗澡，随时随地的专注都是正念。

你会洗碗吗？

看到这个问题你可能会觉得莫名其妙：洗碗很简单啊，这个还要需要什么技巧吗？

是的，洗碗本身这个动作很简单，但我想问你，你会对"正在洗碗"的这个事实保持全然的觉知吗？会在洗碗过程中关注到自己的呼吸吗？是全然地把注意力放在洗碗的动作上吗？

大多数人在洗碗的时候思想会非常忙，会想到和观察到很多事情："我下午还要去陪孩子上辅导班""吃剩的菜是丢掉还是晚上继续吃""每天都是我洗碗，老公一点都不自觉帮忙"……这些思绪让你洗碗变得越来越着急，甚至会莫名其妙地发火生气，更可能会因为还有一堆事情没有处理而感到焦虑……

最后，仅仅是因为洗碗，你的情绪变得起起伏伏。当你忙碌地洗完之后，本想坐在沙发上喝杯茶休息一下，可又会被其他的思绪带走了。就这样，想法不断地被吸引到未来，你的一天似乎都没有一分钟是真正地活在当下。等晚上临睡前，一切都安静下来，你开始回顾今天发生的事情，你懊悔没有抽空读书和娱乐，埋怨杂七杂八的事情占据了你所有的时间。日复一日，年复一年，你被焦虑和紧迫的情绪充斥着，愤怒、抓狂，随之而来的还有家庭关系破裂，争吵……

1. 吃饭时

集中注意力，启动身体的所有感官（视觉、听觉、味觉、触觉、嗅觉），去认真感受你正在品尝的食物，感受食物带给你的身体和内心的变化，积极探索身体的饱腹程度，感觉饱了就停止进食，学会欣赏、感恩、赞美你的食物。

（专心剥开橘子的皮，感受它迸射出的汁液，细嗅空中的清香，取出一瓣橘肉，放进口中缓缓地嚼，全神贯注地用舌头感受它的曼妙清香，纹理质地，直到通过食道咽下去……）

2. 走路时

当你走路时，将注意力集中于你走路的方式，感受你肌肉的运动、弯曲、伸展；感受你的脚接触地面和离开地面时的感觉；感受大地的纹理和温度；随着步伐调整呼吸。

3. 沐浴时

感受水流的温度、大小、缓急，感受它在肌肤上的流动，想象水流将所有的压力和负能量全部冲走。

4. 排队时

找个周末去人气较旺的超市购物。当你在排队时，如果某种因素拖延了你的进程，你是否能注意到自己的心理和生理反应？你的脑海中可能会冒出如下想法："站错了队，到另外一排队伍重新排队吧""真倒霉，马上就轮到我了，居然这个窗口停用了""这个服务员态度那么差，动作那么慢，领导真该开除他"……

这时，你应该检查一下你的内心状况，明确你目前所处的心理状态。花点时间询问自己："我的脑海中正在发生什么？我的身体中有什么感觉？我注意到了什么情绪反应和冲动？"

如果你发现自己被"抓紧时间"的欲望所驱使，因为发现事情比你预计的进展缓慢而沮丧，说明你正在被头脑的习惯性反应模式驱使着，这时，把注意力集中到呼吸或者身体感受的观照上来吧。

5. 看电影时

邀请一位朋友或者家人与你一起去看场电影。但是，这次看电影要有所变化，不提前约定好看什么电影，在你按预定时间赶到电影院之后再选择影片。

在去电影院之前，就要开始留意你脑海中会出现哪些想法，例如："花两个小时看电影会浪费我的时间吧"，或者"如果没有我喜欢的电影该怎么办"。你可以认为这些想法会削弱你看电影的热情，而它们也是生活中最大的"陷阱"，会妨碍你的行动，阻止你想要实现的愿望。

当你来到电影院之后，要让自己专注于电影本身，同时可以留意此时的头脑中会出现的想法，比如："这个电影不好看，真的是浪费时间""主人公应该反抗才对，怎么能任由别人欺负呢""旁边那人真讨厌，打电话声音那么大"……当你觉察到这些想法出现的时候，看看自己是否能把注意力再拉回到当下，就这样一次又一次，温柔地把注意力拉回来。

总之，关于正念冥想训练，最重要就是觉知并专注于当下的事情。每次神游的时候，感知你神游的事情，不要评价它们，然后将注意力回到呼吸上。

吃饭时感受食物的外观和味道，而不是想着今天要处理的事情；走路时体会迈出的每一步和路过的每一个场景，而不是想着见面要说的话。

正念冥想是我们每个人都应该掌握的一种自我治愈的方法，不限时间和地点，无须智慧和天赋，每天只要抽出 10 分钟，让我们的大脑从焦虑中抽离，获得平静和有效的思考，找到最好的自己，同时也带来更多当下的幸福感。

尝试着选择用正念的方式来开启一天的生活吧。当你全然地专注在当下的动作或者呼吸上时，你会变得更加宁静平和。随着你正念能力的不断提高，你会发现正念可以融入生活中的点点滴滴。为了能够帮助你把正念更好地运用在日常生活中，这里有些关于非正式练习的建议提供给你：

在清晨醒来时，不要着急下床，给自己三五分钟的时间去关注呼吸，让正念就从这一刻开始。

在沐浴时，可以把你的注意力放在水流和皮肤的接触上，聆听水流的声音，闻一闻泡沫的清香。

如果可以，在一周找一个时间单独吃一次饭，尽可能地让自己吃饭的速度慢下来，像做吃葡萄干练习那样，去感受食物的美味。

在走路的时候，可以让节奏慢下来，配合着平稳的呼吸，去体验从头到脚的感觉。

无论你在做什么，都可以去关注当下的每一个动作，每一次呼吸，去体会微妙的变化。

当你把正式正念练习和非正式正念练习结合到一起的时候，可以花些时间去回忆一下，在练习中你学会了什么，你是如何对待别人的反应的，在非正式练习的过程中，你觉察到了什么。如果可以，就把你的想法记录下来，去一天一天地观察自己的变化。

七、坚持正念练习

就像是减肥需要合理的饮食和持久的健身一样，情绪心智的变化也需要时间，正念练习最重要的就是要持续地练习，就像是吃饭、睡觉一样，把它当作生活中的一部分，用它来滋养你的心灵。

每天给自己腾出一个固定的时间来练习，它会提醒你，无论现在发生什么，你都可以全然地进入觉察状态，对待在正念中产生的各种问题，最好的解决办法就是保持练习，带着觉知、包容、接纳的态度去看待一切。你会发现，你的疑惑可能在两周的时间里就完全消失，那些模糊的答案，逐渐变得清晰，焦虑的情绪也沉静下来……你只需要让自己有足够的耐心就好，所有的答案都会一一展现在你眼前。

可以制订一周正念计划表，将正式练习和非常正式练习结合，每一种练习都可以重复多次，这能够让你观察到自己的变化。

对于初学者来说，建议第一周每天练习呼吸冥想，呼吸是所有正念练习的基础，当你往后的练习出现困难时，你都可以让自己回到呼吸上。

第一天： 呼吸冥想 + 正念饮食

去觉察今天你吃了什么，这些食物从哪里来，看起来怎么样，选择了哪种烹饪方法，吃起来的感觉如何。

第二天： 呼吸冥想 + 觉察今天让你高兴的事情

可以随时在手机备忘录里记录你感到高兴的事情：这件事情具体的内容是什么，你的情绪是怎样的，你的身体有哪些感受，发生这件事的时候你正在想什么。尽可能详细地记录下这些内容。这个非正式练习每一天都可以进行，从记录中找到自己的思维模式。

第三天： 呼吸冥想 + 觉察你的压力反应

觉察是你面对压力的反应，当你感到压力来临时，不必试图去改变它们，仅仅是让自己带有觉知地处在这个时刻，对自己始终保持善意。

第四天： 呼吸冥想 + 觉察今天让你感到不愉快的事情

随时记录让你感到不愉快的事情：这件事是如何发生的，你的情绪如何，你的身体有什么样的反应，你有什么想法。觉察自己的想法是否无意识地出现，陷入自动化思维模式当中。同样，可以花更长的时间去觉察你对于不愉快事情的反应，去总结是在怎样的情况下，就会让自己的大脑"失控"，在这种"失控"状态下，你的情绪和身体都会有怎样的反应。

第五天： 呼吸冥想 + 把觉察带入到一件日常活动中

例如刷牙、洗碗、倒垃圾、上楼梯、陪孩子玩儿、遛狗等，在这些日常活动中，你的觉察是否能够轻松地与当下正在做的事情同在，能否与你的身体感受同在。

第六天： 呼吸冥想 + 觉察早晨醒来后的状态

去觉察自己醒来后是立马起床，还是拿起手机磨蹭到不得不起床的时间。这是全新的一天，你可以尝试比平常早点醒来，在床上练习一会儿呼吸冥想，或者身体扫描，这有助于你唤醒大脑。

第七天： 呼吸冥想 + 觉察和别人沟通时的状态

和别人沟通时，你是否清楚地表达了自己的需求，是否真正理解别人表达的含义。通常很多时候我们会把自己的意识嫁接给对方，但却往往误解了对方的沟通内容。这样的觉察能够让你发现自己有效的沟通模式，并能够让你明白，在你和别人沟通时，你的心理状态，以及无效沟通的后果。

当一周结束之后，你可以制订下一周的练习计划，继续延续下去，八周算一个练习周期。如果你的第一个八周没有让你的疑惑更加清晰，那就开启下一个八周吧。正念没有终点，始终和你的生命在一起。

本节提出了压力烦恼的来源之一：因为"专注力"不够。通过正式和非正式的正念冥想练习，我们可以过滤杂念，提高专注力，减少压力和烦恼的来源。这是一个通过长时间训练才能形成条件反射的过程。赛场上的运动员日复一日的训练，有一项内容就是固化自己的每个动作，以在面对赛场比分、时差等因素干扰来临时候同样能发挥出高水平的动作。因此，不要期望有那么一项技能让你的压力烦恼瞬间消失，给自己一定的练习空间和时间，为"事半功倍"的压力管理打下坚实的基础。

第三章

转化
压力

第一节　增加弹性（管理压力转化：自助）

在第二章，我们从做自主者、压力界限、过滤杂念的自助、他助、天助模式学习如何管理压力的进口——一个关于选择的问题。压力面前人人平等，是做一个自主者还是受害者是一个选择的问题；焦点在自己的事情上，还是别人的事情上是一个选择的问题；专注与否来减少干扰还是一个选择的问题。

选择不代表压力消失了，它也会以能量的形式存在于身体的某个地方。压力只有转化了，其产生的能量才会转化，减少对身体的伤害。

一、有弹性的压力不累人

我们知道，很多压力反应来自于我们自身的反应，这是从进口的角度去管理。控制式应对是一个有效、快捷、简便的方法，仅仅是增加一个反应的时间和空间，就会让主动积极的情绪流动起来，让你成为一个自主者。

我们知道，自主者也是需要承受压力的，因此，我们有必要控制压力的过程——增加弹性。通过增加弹性，缓解压力的持续伤害。

我们都有一颗脆弱的心

刘菲在一家外企做销售工作。在公司工作的 5 年中，她一直都是领导眼中的好员工，工作负责认真、任劳任怨、从不懈怠。然而，就在最近，她觉得自己快要崩溃了，甚至觉得自己再继续工作下去会疯掉。

为什么会这样呢？这与她自己的工作状态有关，也与她所在公司的情况有关。5年前，刘菲得到了来这家外企工作的机会，她非常珍惜，只要是工作上的事情，她都事无巨细、一丝不苟。由于工作非常繁忙，自己又没有合理地安排时间，所以经常是别人都下班了她还在公司忙忙碌碌，周六日到公司加班也是家常便饭。一次，在公司加班的时候，由于手头的工作实在干不完了，无奈之下她号啕大哭起来。

这家外企待遇的确很高，各种福利保障也很好。在很多人的眼中，这家外企似乎就是打工者的天堂。然而，大多人都不知道的是，这家外企一个人要干三个人的活。

为了能保住自己的工作，刘菲只好没日没夜地加班。5年过去了，刘菲越来越累，最近一想到工作就会头痛、难受。而且生活也越来越单调、无聊，没了爱好，疏远了朋友，一点乐趣都找不到。所以，她的心里有着强烈的要崩溃的感觉。有了这种感觉，工作对于她来说只能是疲于应付。总经理每次派给她什么工作，她只管埋头苦干，从来没有思考过自己的人生理想是什么，目标是什么，这样做的意义是什么，而她只是每天都在头脑里问自己一个问题：为什么自己每天都这样忙，这么晚才下班？

心理分析

工作再有趣，如果只埋头苦干而不注意休息，长时间地超负荷工作，就会物极必反，出现心理枯竭，进而形成职业倦怠。其原因主要有以下五个：

（1）缺乏控制感。缺乏控制感很容易让人产生无力感，对自己的工作失去兴趣。一个人的权力越大，对工作的掌控感越强，对职业产生倦怠的可能性就越小。

（2）工作界定不清。当一个人不知道自己要做什么的时候，就很难对自己的工作充满自信，也无法得知工作方法是否正确。比如，十年前的销售团队，大家会自主地学习产品知识，因为那是和客户进行良好沟通的前提，但是当产品知识学习纳入考核时，大家变得兴趣不高，是因为当强化执行力的时候，有时候扼杀了学习的动力，这是执行和学习界定不清的结果。

（3）工作中的冲突。这包括工作中的人际关系矛盾、组织规定与具体情况之间冲突、个性与工作性质之间冲突、上司之间的意见不统一。公司中很多业绩良好的精英在升职后从管事变为管人，离一线越远，制订的政策就越偏理论化，难免会有上下不一致的压力形成。

（4）工作负担太重。要面对无法结尾的工作，不可能完成的任务，无法满足的客户。销售工作是一个"不打烊"的工作，业绩的要求越来越高，工作日需要拜访客户，晚上需要完成组织内部的各种表格、线上学习，周末还要组织销售活动。如果遇到组织政策的变化，上级的更换，更是难上加难。时间压力和事件压力就会交织在一起，透支身心健康。

（5）缺乏成就感。其表现是强烈的迷失感，不知道自己为什么工作，反馈不足、完美主义、回报不足，感觉自己大材小用。销售职业，无论升职到哪个层级，压力只会越来越大。尽管需要学习的内容很多，但是销售的模式预示了工作流程总会走向枯燥，从初始的资金积累到逐渐的麻木，离自己大学时代的梦想越来越远，这是理想和现实之间的精神压力。

这种连轴转的僵化工作状态，就会导致职业倦怠，怀疑自己，身体出现乏力、失眠或嗜睡、烦躁焦虑状况，工作时注意力不集中，思维效率降低，自我效能感下降，自我评价下降，对工作的意义和价值的评价下降，时常感觉到无法胜任工作。该干的工作还是要干的，可是如何破解这一困局呢？带着问题我们往下看。

之前我们讨论过压力的词性，是中性词。但是也有人会把压力当成褒义词，无论是敷衍，还是内心的习惯。有人会说："压力越大动力就越大!"根据耶基斯-多德森曲线，这句话也不是完全错误的。但是，我们要小心这句话的陷阱，压力是动力，这是有前提的，在你的生理、心理都可以承受的前提下才成立。

奥运会的比赛项目举重，运动员总会挑战更大重量，赢得荣誉以证明自己的实力。我们会发现，当运动员认为自己不能胜任的时候，他会选择放弃。运动员要承受两种压力，身体上的和精神上的。如果压力越大动力就越大，那么为什么不坚持呢？潜意识是人体的一种保护机制，既代替你处理一些意识之外的事情，又随时监测环境的危险。比如，心脏的跳动，你是控制不了的；你在开车的时候，可以一边聊天，一边看风景，而控制方向盘、踩油门这些动作，是暂时由潜意识帮助你控制，突然前方有个障碍物，你会下意识地急刹车和转动方向盘，这也是潜意识最先发现的，之后快速交给意识处理。因此，潜意识也会告诉运动员，如果坚持举起来，腰就会断，并通过意识层面，让肌肉松弛，放下杠铃，尽管你知道，你会失去奥运的金牌。

所以，"我们都有一颗脆弱的心"，脆弱是潜意识的保护机制。每个人的保护机制是不同的，承受的范围也就不同。如果，你一定要通过意识层面去违背潜意识的指令，后果会很严重。比如，你很困，该睡觉了，但是你有意识地通过喝咖啡，兴奋大脑皮质等去对抗，就会损耗你的健康。这就好比玻璃，重压之下会碎掉，鸡蛋就更是如此了，但是弹簧就不会，随着你的按压，会有一种反弹的力量。所以，人们经常说变压力为动力，那是有前提的，只有像弹簧一样，对其用力，反而促使反弹力，这才能变压力为动力。关键是要有弹性，对于人，也称为韧性。脆弱，有的时候是韧性的前提。

在这一点上，我们应该向婴儿学习。婴儿在学习使用手指抓握的时候，会对任何东西都充满好奇。但是，当他搬不动、握不住的时候，他的反应是放手，转向玩别的东西。相反，当我们长大的时候，却不愿意放手，甚至不惜牺牲自己的健康。

每个人都是握手而来，撒手而去，一切的拥有都是暂时的，都会随着时间的推移而消失，转化。物欲横流，既是时代的进步，也是思想的禁锢。收入越来越多，钱却越来越不够花，因为再多的钱也不能填补私欲带来的物质空虚。当你抱怨钱少的时候，却从不想想"由俭入奢易，由奢入俭难"。房子越来越大，空间却越来越小，因为再大的空间也容不下你搬进来的东西。当你抱怨房子太小的时候，却从不想想"断舍离"。职位越来越高，个人世界却越来越小，因为再高的职位也弥补不了需要交流和关怀的亲情。当你抱怨没有时间的时候，却忘记了"齐家治国平天下"的初心。

职场上最难的两个字就是"放手"。宁可牺牲健康，家人的团聚，也要保住现有的职位、薪水、荣誉。年会上，酒后的"号啕大哭"，说明潜意识已经通过酒精释放出"脆弱"的信号，已然提醒当事人，是时候需要"改变"了（改变不一定就是要辞职，心智模式变了也是一种改变）。

压力也是如此，试想，平举一瓶矿泉水，你能坚持多久？10分钟，30分钟，1小时……估计就撑不住了。有一点，不要忘记，这瓶水是你自己举起来的，你也可以不举。所以，压力来得就是这么容易，但是，压力去得也是那么容易——放手就好。我们都有一颗脆弱的心，少一点欲望，就可以减少它的负担；多一点豁达，就可以多一分坚韧。

两种压力模式，你觉得哪种压力下对人的伤害会更大呢？

A. 持续较久的小压力

B. 较为短暂的大压力

答案是A。每天都带着不好的心情，每天都在加班，会怎么样呢？看起来是一件小事情，当它堆积到一定程度的时候，就会如同火山一样爆发。"过劳死"就是这样发生的。有十几岁的初中生，猝死在网吧，有出租车司机，趴在方向盘上再也起不来，有职场精英白领，长眠于自己的办公桌前。尤其是男性青壮年，有的成为精神科的常客。可见隐形压力对人伤害有多么大。

张峰从小就是一个非常优秀的孩子，几乎每次考试都是班上的第一名。后来，他顺利地考上了一所名牌大学，而后出国留学了几年。留学回国后，他到了一家全球知名的500强企业工作，上司也对他非常重视。

张峰得到上司重视是有原因的，公司有一个两年多都没有搞定的项目，经他之手后不到两个月就完成了。更难能可贵的是，尽管张峰能力非凡，却丝毫不狂妄自大。工作中，张峰的认真、谨慎、执着是大家所公认的，而且敦厚老实的他，和周围同事的关系处得也非常好。在家里，张峰也是一把好手，对妻子关爱，对父母孝顺。家里有什么事，都少不了他。可以说，张峰就是家中的顶梁柱，家人都很依赖他。一次，家人想外出游玩，张峰又要上班，于是他开车将家人送到了旅游景点，然后又急急忙忙地赶到了公司上班。等下了班后，他又开车把家人接回了家。

有段时间，张峰的情绪似乎有些不好。公司接到了一个很大的项目，张峰是主要负责人。项目很紧迫，需要在规定的时间里完成。于是几个月下来，他几乎天天都在加班。有时回到家，偶尔会对妻子发几句牢骚，公司里谁谁谁的工作效率太低，和自己的配合不好，等等。平时不怎么爱抽烟的他，烟瘾好像一下子大了起来，总是一根接一根地抽。妻子想，可能是他工作太忙、压力太大，情绪有些紧张，也许释放一下就没事了。于是，就没有太在意他的这些与以往不同的表现。然而，就在项目即将完工的时候，令人意想不到的事情发生了。

那天，张峰反复检查项目的每个环节，然而整个人却一反常态，显得很浮躁。很晚的时候，他对一起加班的同事说，自己有点烦，想到外面透透气，过会就回来。可过了很久，他却没有回来。当大家赶忙出来找时，才发现他已经猝死在外面。

心理分析

从心理学角度来看，一个过分追求完美的人，常常目标很高，对自己要求也很苛刻，总是不满，缺乏成就感。在周围人眼中，张峰是一个绝对优秀的男人，工作能力强，性格开朗大方，对家人体贴入微。尽管大家对他的看法没什么异议，甚至觉得他已经够完美的了，但他对自己仍旧很不满足，依然整天忧心忡忡。在他的眼中，似乎总能发现工作和生活中的瑕疵，会对很多事情感到不满。而这就促使他不停地追求，不停地忙碌，就像一辆车一直在消耗、磨损。直到有一天，汽车没油了，身心枯竭了，就有可能走上绝路。

持续工作或者做某件事，会让人产生良好状态，甚至分泌内啡肽等令人快乐的激素，这样容易让人停不下来，却是最伤身的做法。职场中，当有的人说自己是工作狂的时候，不知道是夸奖，还是抱怨，不知道我们是该羡慕，还是该同情。我们需要内啡肽，但不要过量。小酒总是怡情，大酒总是伤身。所以，我们要学会弹性工作。

测一测：心理枯竭离你还有多远

请根据自己的真实情况，对下面的问题做出"是"或"否"的回答。

（1）情绪变化无常，并经常感到莫名其妙的担心。

（2）总感觉自己的精力透支。

（3）记忆力糟糕，思维迟钝，注意力不集中。

（4）脾气暴躁，为一点小事动怒。

（5）经常加班，每天平均睡眠不足6小时。

（6）经常胃痛、头痛、背痛，感觉全身乏力。

（7）一想到上班就心情低落，总是盼着假期快点到来。

（8）和同事关系紧张，想到要见上司就发怵。

（9）户外活动明显减少，做任何事都提不起精神，过分贪睡，饮食不规律。

（10）自我评价降低，经常有失败感和无力感。

对于以上题目，如果你的回答超过 4 个"是"，说明职业枯竭症虽然没有侵入你的生活，但已经为期不远了；如果你的回答超过 5 个"是"，说明职业枯竭症已经侵入了你的生活。

美国管理学家弗雷德里克·温斯洛·泰勒在《科学管理原理》中描述了自己的实验：从木板上把铁块搬到车厢里，不休息的情况下，一个人一天最多可以搬 12.5 吨；但是，如果让工人有规律地间隔休息，最多可以达到 47 吨。这是因为，如果长期负荷，肌肉就会长期处于绷紧的状态，这种绷紧状态不会持续，会随着身体承受不住，而由潜意识决定放弃，也就是生理上的衰竭状态，如果再恢复，需要一段时间。如果没有休息好，就强迫自己去负荷，那样就会加重身体耗竭，疲劳就会产生，长此以往，就是疲劳过度。但是如果让肌肉在绷紧一段时间之后，也就是说在即将超负荷的时候，就开始放松，身体就会很快复原。这样，就可以继续保持一个良好的状态，这也是为什么搬铁的效率可以提高到 47 吨的原因。再来说刚才平举矿泉水的例子，如果间隔几分钟放下休息一下再重新举起，那举起的累加时间可就不止 1 小时了，而且还没那么累。

长期负荷，身体就会疲惫不堪，心有余而力不足，就会身心失衡，压力随之而来。所以，有节奏的间隔休息，是弹性的主要方式之一，也是缓解压力的一个好方法。比如睡觉就是一个很好的休息方式，也许一天的工作是紧张的，哪怕十分钟的小憩，就可以改换你的精神面貌。之前我们也说过"忙里偷闲"，这个"闲"也是一种休息，更是一种对生命弹性的磨炼。

随着社会的发展和对教育的日渐重视，当代的孩子们面对学习的压力也日益增大。为了所谓的"赢在起跑线上"，家长们对孩子给予了极大的希望，不惜一切代价地培养孩子。对于孩子的学业拼尽全力地做到：课上时时跟进，课下辅导班加餐。这就要求孩子既要完成学校布置的作业，还要完成课外辅导班上的作业，课业的量可想而知，大大地超出了孩子所能承受的度。部分孩子在这种双重压力下，不堪重负，做不完的作业应付了事或是进行负隅顽抗的抵抗，压力大大地降低了学习效率，这种低效学习的循环怎能达到理想的学习效果？结果是，这些孩子过早地出现了厌学和弃学的情绪，甚至产生了轻生的念头。有些孩子即使取得了预期的效果，达到了考取名牌大学的所谓终极目标，但是这些过度的压力所造成的身心问题会在随后的漫长岁月中渐渐凸显。美国流行一句谚语："All work and no play make Jack a dull boy"（只工作不玩耍，聪明孩子也变傻）。可见，在学习活动中，孩子们不应该一直绷紧神经去努力，适当的放松是多么必要啊！时下广为流传的一句话："在我们中国的教育里，最需要学习的是中国家长。"如果家长们能够学会一些自身情绪的管理方法，懂得一些压力调节的策略，引导孩子合理规划学习的内容与时间，进而促进孩子健康成长，于孩子们来说，将是多么幸运而又有意义的事情啊！幸福与未来才会可期。

"一张一弛，文武之道"出自《礼记·杂记下》。郑玄注曰："张弛，以弓弩喻人也。弓弩久张之则绝其力，久弛之则失其体。"古时常以此喻施政宽严相济；现多比喻生活、学习与工作要合理安排，有紧有松，劳逸结合。也就是说，压力必须有，但是一定要适度。故而，张弛之间，当你能够把握好那个度，便可以与压力共舞，成为一个有弹性的"自主人"。

心脏跳动的规律

"宇宙大人身，人身小宇宙"，这是大自然的规律，也是让我们时刻去效仿这一规律，心脏就是一个最好的例子。心脏，从胎儿开始，就在用跳动的方式掌管着人体的血液循环，就像是一个户部的大管家，责任重大，心脏每分钟跳动60～100下，常年如此，似乎不知疲倦，无论是白天，还是夜晚，周而复始，没有哪个器官能够做到这一点。那么心脏又是怎么做到的呢？心脏的结构为左心房、左心室、右心房、右心室，从左心室射血开始，到血流回到左心房为止，完成一次循环，也就是一次心跳的时间，0.6～1秒，而每次射血的时间为280～300毫秒。也就是说，当心脏在这一次射血到下一次射血之前，会有接近 0.6~1 秒的休息，一天是 24 小时，实际工作也就 18~50 分钟，相当于几乎都在休息。职场上，我们几乎找不到这样的工作吧。（这里指的是心脏肌肉做功的过程，不是全部的过程。）正因为如此，心脏才可以工作得这么久。

但是如果你刻意地改变心脏工作的规律，比如超负荷地运动，一天开车超过 12 小时，每天不足 6 小时的睡眠，等等，就会影响心脏的正常功能，超负荷的结果就是带来心脏疾病。

所以，我们有必要学会间隔休息，随时让自己的身体保持健康的状态。

有人盘点了地球上可以活得很久的动物，比如乌龟、鳄鱼、灯塔水母、新西兰大蜥蜴、弓头鲸、红海胆、大象，发现它们都有一个共同点，除了捕食和迁徙、孕育，其他时间都是在休息中度过的。与其说休息，不如说是减少心脏等器官的损耗。

可以说，心脏跳动的规律提示我们，要用规律的休息来缓解压力。只要有机会，就小憩一会儿，身体一定会感激你，并用效率回报你。

我们总说压力大，其实是慢性持续的压力大。压力对人的伤害有一个公式：

$$压力 \times 时间 = 伤害程度$$

这就说明即使压力本身很小，一旦持续的时间过长，压力所产生的伤害也会很大。工作中会有突发事件形成暂时的大压力，人在那个时候会专注解决突发事件的影响，杂念比较少，反而有"当下"的味道，因此对于身心的损耗是暂时的。相反，对于日常工作生活里的小压力，在时间的累积下，形成大的压力，例如与邻座的同事总是闹别扭，总不能准时下班，妻子每天都会时不时地向你发牢骚等都会形成这种累积的压力。所以我们在压力管理的方法上需要注意劳逸结合的节奏，比如在疲劳之前就休息，身心恢复得就比较快，这是短平快的休息模式，诸如每 50 分钟闹铃响一次提醒休息几分钟，按照这样的节奏，一天下来效率很高，而且没那么累；离开办公桌一会儿，减少对不良氛围的面对，定期和家人的休假等都是缓解身心的方法。当然休息的频率也不能过高，否则打乱正常的工作状态和感觉。也有其他实验提示，周期性短暂休息远远比集中式休息更有效。合理地使用身心：间断使用，张弛有道。压力管理的关键就是"分解"，间断放松是王道。休息其实是放松身心的状态，所以在休息时放松的程度决定了压力管理的效果。

一定的压力带来一定的动力，这是有前提的，它必须在身心承受的范围之内。弹簧的弹性范围，就说明了这一点，也就是复原的能力。不要小看日积月累的小压力，它会导致身心的失衡和分裂。因此要学会间断休息，分解压力，像心脏一样，用节律去发挥张弛有道的思想。当然，学会一定的放松技术，也是必不可少的。提高自己的睡眠质量，远离压力的侵扰。

二、深度放松的能力

压力的本质就是紧张。压力管理的目的就是反向的放松。

压力所造成的紧张，不管是心理上的还是生理上的，是困扰现代人的难题。又忙了整整一年，还记得上次觉得一身轻松是什么时候吗？有太多的事情让我们感到焦虑和紧张，工作和家庭的压力、久坐的生活方式对身体而言最终会造成沉重的负担。

对于这种状态，大家是如何放松的呢？其实大众对放松的理解有很多误区，比如一些非工作性质的活动，可能是愉快的，但并不能让身心平静、感觉放松。喝杯咖啡是放松吗？不是，因为咖啡因的刺激作用会提高应激反应。一场高尔夫球可能会引起竞争欲望，而不是让我们内心平静。这种类似的活动作为一种消遣可能是有益的，但却不是放松。包括刷手机、玩游戏，这些都无法达到深度放松的目的。总之，娱乐和消遣并非是真正的放松。

那到底哪些才是真正的放松呢？

可能很多人会说：睡觉。

当然，睡觉是很好放松的方式，但是光睡觉可能还不够。如果脑子里还在想着各种问题，身体还处在紧绷的状态，那么即便睡到自然醒，也不会感到放松，更不会觉得能量充沛。

相反，接二连三的梦境会让你越发疲劳。明明每天睡了很长时间，但总觉得困，无精打采。

所以，放松并不简单，而是需要进行科学的规划和设计。学会如何正确地为自己解压、如何深度地放松，能帮助我们从这些状态下或长或短地抽离出来。

放松的技巧有很多，除了前面提到的睡觉，常见的还有深呼吸、按摩、冥想、瑜伽、筋膜放松、意念放松等。

进行这些放松技巧的训练，主要目的是减少日常生活的压力水平和提升幸福感。同时，它们也会潜移默化地帮助你在面对生活的波动时能保持冷静和镇定。

我们无法避免所有的压力，甚至也不能减少压力总量，但是可以通过学习如何面对压力来抵消它的负面影响。我们希望通过放松训练达到一种深度休息的状态，它与我们在承受压力时的状态截然相反。

当然，压力并不是没有积极作用，在真正紧急的情况下，压力反应是很有用的，它让我们保持警惕，以应对各种突发状况。但是，这个不应该是生活的常态，它会让我们的身体过度激活，从而长期处在紧绷状态。

放松技巧的练习会让我们的身体恢复平衡，包括加深呼吸，减少压力荷尔蒙，平缓心率和血压，放松肌肉等，从而减轻疼痛，提高解决问题的能力，提高积极性和工作效率。最重要的是，放松技巧只要稍加练习，任何人都可以从中获益。每天用一定时间来做深度放松，把身体逐渐带入一个比日常生活的正常平衡水平更安静的状态，能够不断地改善已存在的不良压力，阻止压力在事件中的累积效果。

学习这些放松技巧的基础并不难，但要真正驾驭它们需要时间。建议你每天在日常安排中留出一点时间，只需要一个安静、私密的环境就可以进行放松。最好安排一个固定的时间，每天一到两次。

需要提醒大家，要在你清醒的时候进行放松。如果已经很困了，那么先去休息。就像我们的身体，不要在已经很疲劳的时候去训练。

放松的技巧非常多，下面我们选择几个来为大家讲解。

1. 深呼吸

深呼吸可能是最简单而有效的放松技巧。不仅易于学习，几乎可以在任何地方练习，而且还能以此来检查自己的压力水平。同时，深呼吸也是其他各种放松练习的基础。

如何练习深呼吸？

深呼吸的关键是慢而深。

吸气时，要感受到腹部的扩张，慢慢扩张到极致，想象自己身体是个充满气紧绷的气球，尽可能多地吸入新鲜空气。呼气时，收缩腹部，想想自己身体是个缓慢泄气的气球，尽可能地把废气从肺部排出。

腹式呼吸是我们日常生活中的主要呼吸方式，但由于身体的不平衡，呼吸模式可能会变得混乱，胸式呼吸会占据主导，从而导致呼吸浅而急促。这种呼吸加深了焦虑的感受。

所以，下次当你感到压力时，花一分钟慢下来，深呼吸。

舒服地坐着，后背挺直。

一只手放在胸部，另一只手放在腹部。

用鼻子吸气，腹部的手应该会向前，胸部的手保持不动。

然后，通过嘴巴呼气，在收缩腹部时尽可能多地呼气。

呼气的时候，同样是腹部的手移动，胸部的手几乎保持不动。继续用鼻子吸气，用嘴呼气。尽量吸入足够的空气，让腹部前后起伏。

如果你在坐着的时候从腹部呼吸困难，试着躺在地板上。在腰部垫一块毛巾，在腹部上方放一本小书，然后开始深呼吸，能看到书也随着呼吸上下起伏。

如果可以，需要完成30次呼吸。

2. 意念放松法

通过引导的意象来帮助放松是传统冥想的一种变化。引导的意象包括想象一个让你感觉轻松的场景来放下所有的紧张和焦虑。

选择任何一种最能让你平静的环境，无论热带海滩，还是童年常去的地方，抑或是清风吹过的山顶。你可以做这个视觉化的练习，也可以在练习过程中放一些自然音乐，帮助进入放松场景。

闭上你的眼睛，让你的忧虑消失。想象让你放松的地方，生动地描绘你能看到、听到、闻到、感觉到的一切。这种感官的整合很重要，不仅是你看到了什么，你所有的感官觉察到的所有一切，尝试去描述它，包括它的所有细节，越丰富越好。

举个例子，如果你坐在一个安静的湖边，你感受到了很多。

看见太阳倒映在水面上。

听见鸟儿在歌唱。

闻到了松树的味道。

脚上感受到水的清凉。

呼吸到有草叶香甜的清新空气。

所有的这些感受构成了你在那个场景下的整体体验。

学会放松也就是学会如何更好地生活。放松是一门大学问，我们也想用更多样化的媒介，把我们的研究成果持续地分享给大家。

3. 伸懒腰法

既然谈到放松，经常有人会问我有什么方法可以快速进入放松状态呢？我会优先推荐伸懒腰法，这个方法快速有效，易学好用。我们先回想一下，伸懒腰的过程中身体是紧张还是放松呢？大多数人都会说是放松，其实不对。"行动胜于言辞"，你此刻就做一个伸懒腰体会一下吧。体会完了，你会发现伸懒腰的过程是先紧张后放松，正好符合我们前面说到的张弛状态，其原理就是物极必反，紧张到极点，就会走向反向放松。

伸懒腰法有三点需要注意。

（1）很多人伸懒腰往往只是局部肌肉紧张，所以相应紧张的肌肉部位才能得以放松。为了达到良好的效果，伸懒腰时需要全身肌肉都参与，只有这样才能让全身肌肉得以放松。

（2）伸懒腰的过程中肌肉紧张程度幅度要大，否则就会小紧张而小放松，起不到效果。

（3）伸懒腰的次数尽可能多。一般人在一天中很少伸懒腰，这里建议大家每天伸懒腰次数达到一百次以上，会极大地缓解身心压力，提高工作效率。这是个难得的间断放松法。

4. 张弛有道的生活方式

为了让你更好地理解增加弹性的生活方式，表 3-1 是在相同情境下因做法不同而产生的不同压力结果（见表 3-1）。你不妨对比学习。

表 3-1

潜在压力事件	A 先生（紧张，低效应对）	B 先生（放松，有效应对）
早上 7:00 闹钟没响，睡过了头	**反应** 急忙刮胡子，穿好衣服；没吃早饭就离开家 **想法** 我不能迟到，这将会把我一整天都弄得一团糟 **行为** 急急忙忙离开家	**反应** 打电话告诉同事他将会迟到 30 分钟；做好上班的准备，并像平常一样吃完早餐 **想法** 这不是个大问题，我有办法补上因迟到 30 分钟耽误的工作 **行为** 做几个深呼吸放松一下，轻轻松松离开家
早上 8:00 在高速公路上遭遇堵车	**反应** 猛按喇叭，紧握方向盘，试图超车，然后加速 **想法** 为什么那辆卡车不驶入慢车道？真气死我了 **行为和结果** 血压和脉搏升高；到达后工作起来心烦意乱	**反应** 等待交通堵塞结束，等待的同时，听广播放松心情，然后按正常速度行驶 **想法** 我才不会为此而不安，因为我不能为此做些什么 **行为和结果** 保持安静与轻松状态；到达后工作起来神清气爽
上午 10:00 生气的同事对我的工作错误大发雷霆	**反应** 表面上有礼貌，但言语行为显示出烦躁和不满 **想法** 我不能容忍这个傲慢无礼的家伙。这样忍耐他使我大为恼火，我还怎么完成工作 **结果** 同事仍旧怒气难消。A 先生被惹怒了而没能处理好日程表上重要的事情	**反应** 放松而又认真地倾听，同时考虑如何处理这类问题，保持冷静与风度 **想法** 他生气也有道理。在这个问题变得更严重之前应认真处理好这个问题 **结果** 同事怒气已消。他感谢 B 先生听他讲完。B 先生也很高兴地顺利处理问题

（续）

潜在压力事件	A 先生（紧张，低效应对）	B 先生（放松，有效应对）
中午午休	**反应** 边工作边在办公室吃午餐；找不到所需要的文件，打电话找人，但人又不在 **想法** 我从来不能从所有这样的工作中摆脱出来，我还得费力处理掉工作直到晚饭时间 **结果** 由于恼怒，在工作中屡犯错误	**反应** 在公园漫步 20 分钟，然后在里面吃完午餐 **想法** 像往常一样，午休后我恢复了精力，当我让自己心态放松时，我会工作得更好 **结果** 恢复到良好状态，能迅速使头脑清醒，继续工作
晚上11:00 睡觉时间	**反应** 难以入眠，失眠两小时 **想法** 为什么我不能做得更多呢？我让自己和家人感到失望 **结果** 早晨睡醒后精疲力竭而又郁闷	**反应** 迅速入眠 **想法** 这真是愉快的一天，很高兴我防止了一些潜在问题的发生 **结果** 神清气爽而又愉快

放松技巧有很多，可以根据自身的情况选择一个或者几个适合自己的方式，坚持使用下去，并让其成为生命旅程里的一种"营养"。

在压力转化阶段，可以通过"弹性"的方式缓解压力，忙里偷闲的放手，间断的休息，适合的放松技术都可以帮助到你。这里有个前提，就是意识和实践。

第二节　修复平衡（管理压力转化：他助）

与时间有关压力源变为不良压力源，通常是由我们生活的各个不同部分的失衡所造成的，如工作的时间太多，放松的时间太少；为他人付出的太多，为自己考虑得太少；总在忙碌，很少独处；太多输出，很少输入；太多的社会交际，忽略家庭的亲密关系等。所以，在生活的各个部分中，保持平衡变得尤为重要。

一、你真的会开车吗？

如果你会开车，行驶在公路上，你肯定知道什么时候踩油门，什么时候踩刹车。就是这样一个加速和减速的方式，保障小汽车在公路上平安地行驶。如果你一味地踩油门，就会超速，同时，发动机会负荷，带来安全隐患；如果你一味地踩刹车，速度太慢，仍有安全隐患，同时，也会因为这种低负荷运转，损害发动机。所以，踩油门和踩刹车应该适时而动地交替进行。

这就好比我们的身心反应，你会开车，但是你会开好身体这部车吗？累了就休息，醒了就努力，维持一个生物钟的平衡。从压力管理的角度，当你开不好身体这部车的时候，就会出现压力反应综合征——各种紧张性的压力源引起的个体非特异性反应。这包括生理和心理上的两类反应。生理反应表现为交感神经兴奋、垂体和肾上腺皮质激素分泌增多、血糖升高、血压上升和心率加快等；心理反应包括各种情绪体验、自我防御、应对等。压力所带来的这种个体非特异性反应是带来紧张性压力源同个体自身的生理和心理交互作用的结果。也就是说压力源带来的紧张感导致身体和心理的不适，而这种不适又会加重压力的状况；同时与个体对压力源的心智模式、处理经验等有关。因此，压力管理不仅仅是踩油门和踩刹车这样简单的加速和制动过程，而是一个复杂的过程。

人体的神经系统分为中枢神经系统和自主神经系统。自主神经系统，也叫植物神经系统，是能够自动调整与个人意志无关的脏器的作用和功能的神经，管理着身体的大部分器官。植物神经系统，可分为交感神经和副交感神经。

交感神经系统是植物神经系统的重要组成部分，当机体处于紧张活动状态时，交感神经活动起着主要作用。白天工作状态以交感神经系统为主。

副交感神经系统的作用与交感神经系统作用相反，它可保持身体在安静状态下的生理平衡，其作用有三个方面：保持并储蓄能量；放松平和情绪；心跳减慢，血压降低，以节省不必要的消耗。放松睡眠状态以副交感神经系统为主。

表3-2对交感和副交感神经系统在能量导向、工作状态时的功能、对身心状态的影响、制动导向以及免疫能力的情况做了对比。

表 3-2

对比内容	交感神经系统	副交感神经系统
能量导向	消耗能量（消费）	合成能量（储蓄）
工作状态时的功能	血管收缩，心跳加速，新陈代谢亢进，肌肉工作能力增强等	心跳减慢，消化腺分泌增加，膀胱收缩等
身心状态	身心紧张	身心放松
制动导向	踩油门	踩刹车
免疫能力	战斗或逃跑（降低免疫）	生长、治疗及修复（提升免疫）

人体在正常情况下，功能相反的交感和副交感神经处于相互平衡制约中，就像跷跷板一样，此起彼伏，互为抑制。在这两个神经系统中，当一

方起正作用时，另一方则起副作用，很好地平衡协调和控制身体的生理活动，这便是植物神经的功能。就像油门和刹车，互相制约来调节平衡。

人类的机体像其他动物一样，拥有强烈持久地达到平衡或和谐的驱动力。如果"战斗或逃跑"的反应在动物和人类身上都存在，那么是否也存在一种截然不同的先天性生理反应呢？答案是肯定的。我们每个人都拥有一个天生的防止过度应激的保护机制，它抵御对我们身心有害的影响，抵消战斗或逃跑反应的影响。如心率降低，新陈代谢减慢，呼吸变缓，这就是放松反应。简单地说，平衡就是活动与休息，唤醒与放松，兴奋与平静的交替作用。

如果植物神经系统的平衡被打破，那么便会出现各种各样的功能障碍。这被称为植物神经紊乱症或植物神经失调症。

植物神经失调症，其引发原因有性别和年龄因素、遗传因素、社会因素、疾病因素等，但更多是由心理因素引起的，不同人对不同事件反应的强度、速度、情绪状态都是不同的。处于现代快节奏生活中的人们，普遍存在交感神经被过度使用，而副交感神经被弱化的现象。植物神经失调会导致各种身体不良的状态，而人们往往解决的是状态，不是源头，比如一边治疗湿疹，一边不断加班。

我们可以通过一个小测试，来判断你的交感、副交感神经系统使用情况。

你可以找到一个空间，最好有一个可以看到的表，站立，伸开双手，闭眼、单脚站立，尽量心平气和。一般能坚持 40 秒是合格，60 秒是优秀，低于 40 秒为不合格。

为什么你不能坚持那么长时间？因为你的身体总是交感激活的状态，那就是动态，相反，如果你能保持安静，把注意力放在平衡上，就会好一些。这是因为你经常使用交感神经，进而导致副交感神经的弱化。所以，压力管理的策略之一，也是强化副交感神经的能力，让交感神经和副交感神经达到一个平衡状态——也就是修复身心的平衡。

一个老司机，在启动和刹车的时候，坐车的人似乎感觉不到那种因为油门和制动带来的"晃动"感。与其说老司机技术经验纯熟，不如说老司机练就了"心态"的平衡，无论路况和事件如何，都能保持良好的心理，让自己平静地控制"车"。所以，老司机和新手最大的区别已经不是技能本身，而是心态平衡的能力。

在压力管理中我们会遇到一种心口不一的现象：嘴上说不生气，但是手背上却青筋暴露。

一家公司空缺了一个经理的岗位。李青和王立都是立过汗马功劳的功臣。为了不伤害这两个功臣，公司决定组织人力资源部进行公开面试。李青和王立都表示，谁上都行，日后都会好好配合对方的工作。在面试材料准备期间，李青是真的放下了，所以并没有花费太多时间准备材料，日常工作如往常一样。但是王立就不同了，暗下决心一定取胜，每天晚上都熬夜准备材料，生怕有丁点儿纰漏，为了树立自己的好形象，日常和同事的沟通不像往日那样随意，相反变得拘谨。面试那天，李青因为心里是放下的，所以很放松，如同聊天一样，面试过程氛围很欢乐；王立过于紧张，按照既定准备的材料表达自己的晋升需要，严肃的氛围和李青形成鲜明对比。结果，李青成功晋升，王立当场表示恭喜之后，紧紧地握住自己的拳头，当晚回家后喝得酩酊大醉。

事实上，王立的能力是在李青之上的，如果王立懂得身心平衡修复的方法和技术，也许结果就会不同。后来，王立在心里一直放不下，情绪开始一落千丈，几次和李青在会议中产生了冲突。再后来，王立辞职了，因为不能改变自己这种身心紧张的状态，在新的公司里依然没能成功晋升。

心理分析

王立是个自尊心很强的人，凡事都要争第一。这是因为小时候，父母离异，他在农村跟着母亲一起度过了自己的童年和学生时代。长期被周围小伙伴指责自己是一个没人要的孩子，他总是抬不起头来。在小学时候一次主题为"我的家"演讲比赛前，别的班级的一个小伙伴在放学路上讽刺他说："你都没有家了，还参加比赛。"他小小的心灵受到了极大的伤害，晚上趴在被窝儿里哭了好久。第二天的比赛自然失利了，从那以后凡是竞争场合他就异常紧张，用他的话说就是"感觉心脏要蹦出来了，生怕有人指责我"。因此，王立除了要通过一些方法解除自己儿时的困扰之外，身心平衡的练习必须成为每天的必修课。因为这么多年的"不平衡"需要花费更多的时间修炼和弥补。

职场上、家庭里、社会中，我们每天都会遇到很多事情，都会程度不同地引发交感神经的兴奋。如果这种兴奋是一时性的，稍作休息和调整就会恢复；如果是持续性的，身体就会消耗很多能量，在不能及时补充的情况下，身体平衡被打破，阴阳失调，就像汽车没油一样，想踩油门加速都是不可能的了。

很多售后服务人员就是在这种长期精神压力下生活的，白天的工作无可厚非，最怕的就是午夜和假日，生怕有投诉的问题出现。如果不能进行身心的修复，处境堪忧。有一家银行的支行经理，在任职三年后辞职，成为幼教机构的一名普通销售人员。问她原因，原来在她进入银行工作之前，体检报告上均为"正常"的描述，可是三年后，几乎每一栏报告都被医生写满了身体不良的警告。她及时意识到自己的处境，放弃了高薪，因为她不想再用高昂的薪水支付医疗的费用。

很多人也想修复身心平衡，有的不惜花费重金参加学习班学习。其实，身心平衡修复自己在生活中花费很少的时间就可以完成，只要你肯坚持。当然如果你坚持不下来，即使是有专业人士的指导，也只是停留在课堂上短暂的效果里而已。下面介绍几种修复平衡的方法，即便是在短暂的午休时间也是可以完成的。

二、修复平衡的方法

1. 身心情绪平衡法

"金鸡独立"是一个不错的练习方式。这样的动作就可调节身体和心理之间的关系。身体平衡了，心理就平衡了，二者是相互的，你想让身体站得稳，情绪也会随之调节到稳定状态。在心情不好的时候做这个练习，一般在几分钟之内情绪就可以变稳定。许多人起初五秒都做不了，但后来可以站上几分钟。随着不断的练习，头重脚轻的感觉没有了，睡眠质量大大提高，头脑清楚，记忆力也会明显增强。

操作指南

（1）两眼微闭，意念专注于脚底。

（2）两手自然放在身体两侧或平伸，任意抬起一只脚。练习过程中两只脚交替进行。

（3）时间不限，随时随地均可练习。

益处：快速平复情绪，提升自愈力，让五脏六腑协调运作。

身心情绪平衡法，动作简单，不受环境的限制，花费的时间很短，但是效果很明显。销售人员、售后服务人员、长期在电脑前伏案工作的人、近期因为工作生活压力导致情绪不稳定的人，都可以用这个方法练习，调整自己的近况，以平静的情绪面对客户、用户、项目，同时，也可以因此调节自己的五脏六腑，在心灵平衡的同时，还给自己一个健康的身体。

2. 重塑心灵法

重塑心灵法是结合积极心理学、催眠等多种技术整合的一套方法。这里借助房子的意象代表自己的心态和情绪，帮助当事人时时清洗心灵。通过对房子意象的观想，让你在房子从破旧到重建的过程中走出紧张并通向放松的状态。

操作指南

（1）放松：全程闭眼，做几个深呼吸让身心放松。

（2）渐入：请想象你走在一条小路上，你慢慢地向前走，向前走，每向前走一步，你的身心都会更加的放松，更加更加的放松。等一下，你的面前就会出现一座房子。

（3）观房：新旧、颜色、宽敞与否。

房子的新旧：破败象征的心态是自卑和消沉。一般说来，越破败，其心态越差；反之，房子的内外观越好，则表明心态越好。

房子的颜色：性格和情绪基调的象征。暖色调代表比较外向或者比较热情；冷色调则代表比较内向或者情绪比较灰暗。

房子的宽敞与否：象征一个人心理的"容量"，房子宽敞代表人的"肚量"就更大。相对来说，房子大一些更好。地下室代表深层潜意识。

（4）装修：用马良的神笔按照自己的意愿进行重新装修，可以调整成宽敞的、暖色调的、漂亮的，直至满意为止。这个过程就是调心的过程，在意象里调节好了，相当于在现实中的自我疗愈。

有一家企业的销售经理王先生，每个月都要汇报两次自己的工作业绩。汇报不是列举数据就可以了，还要面对上级严厉的提问。时间久了，无论上级说什么，他都认为上级咄咄逼人。每次汇报结束，如同生了一场大病。两年后，他每当看到"工作汇报"几个字，就浑身不自在，往往坐在电脑前一个字都写不出来，因为他认为自己怎么写都会被指责。他产生了严重的不自信，失去了对压力的弹性。后来他用"重塑心灵法"调整自己，每次准备报告之前，包括日常工作中，只要发现自己动力不足的时候，就运用此法。经过三个月的调整，王先生不再像以前那么紧张了，自信也在慢慢提升。

开始运用这个方法的时候，如果之前积压了太多的不良情绪，在观想房子破败的时候，可能不敢去想象，甚至手会发抖；在观想房子颜色的时候，更多的是灰色调；在观想房子高低大小的时候，总希望这个房子能在地下室，这样别人就再也不会找到自己了；相对舒服的就是装修的时候，但是情绪依然不稳定。经过一段时间调整后，当再观想房子破败、颜色的时候，他能够平静地面对，甚至能看到房子破败的细节；在装修的时候，他能够根据自己的意愿精心打造。

我们在工作中的压力不断累积，又找不到转化突破口的时候，往往自己的自信和工作动力也会受到打击，这个时候，可以借助"重塑心灵法"，重建自己的自信和动力，增加抗压的弹性。

3. 眼动疗法

这是一个有着特殊来历的方法。1987 年，年仅 39 岁的夏皮罗被告知患了癌症，她决心要与命运抗争。于是她辞去工作，开始周游美国，去寻找、探索不同的治疗方法。有一天，她正在某地公园散步，突然产生了一种异样的感觉，等这短暂的时刻过去，她竟然奇迹般的平静下来。为什么那些烦恼忽然间烟消云散了呢？她仔细回想了一下，当时她的双眼曾飞快地左右移动了好多次。为了彻底弄清出现这种情况的原因，她开始到圣迭戈大学学习，最终成为一名心理医生。她找到几十名志愿者试验了她的"疗法"，终于找到了它的原理，现在称为 EMDR（眼动脱敏再处理疗法）。通过激活心理创伤记忆并进行记忆感觉重建，它能够帮助人们缓解生活事件所带来的困扰，减轻症状和情绪的干扰。

EMDR 的原理：眼睛和心理的关系紧密连接，可以通过调节眼睛的运动轨迹进而调节心理。困扰的事情、错误的决定、工作上的难题等留在了自己的记忆里，当你在回忆的时候，会引发消极的情绪体验。但如果在回忆的时候，双眼能够左右移动，这种眼睛的运动轨迹就可以帮助你减缓记忆里的困扰，甚至可以帮助你改变原有的信念，引发积极的情绪体验。

适应范围：心理应激所造成的抑郁、焦虑、多梦等。

操作指南

这里给大家介绍一个简单、可随时练习的方法：采取坐位，头不动，在正前方几米的地方找到左右两个定点，带着压力事件或者其他情绪让眼球左右看这两个定点，一般几分钟后就有内心放空的感觉。

当然，你也可以用拍手的方式进行：姿势同上，抬起双手，拍掌，双掌距离在30cm左右，带着压力事件或者其他情绪的回忆，左掌移动去拍右掌，复原后，右掌移动去拍左掌，如此往复几分钟就可以平复自己的情绪。（如果环境不允许拍掌出声，也可以选择伸手的方式，手臂位于腰部，同样在回忆中伸出左手，收回，再伸出右手，收回，如此往复。）

每个人在自己的人生轨迹中都有或多或少的往事，当"不堪回首"的往事经常飞出来困扰你的时候，就会引发当下的情绪体验。EMDR可以帮助你解决回忆往事带来的困扰，让你内心放空，情绪平复。需要注意的是，如果你初次尝试的时候感觉良好，但是似乎困扰的记忆并没有彻底缓解，建议你可以把困扰的事件拆分成多个小事件，比如事件的要素等，选择困扰最大的那个开始处理，直到自己再次回忆的时候，情绪变得舒缓为止。如果你的困扰属于创伤性的，并且一直在干扰自己的生活，建议你寻找心理医生协助你解决。

4. 今夜不再无眠

睡眠是另外一种"分解"和"放松"的方法。俗话说：药补不如食补，食补不如睡补。

睡眠是人体的自动调节机制，也是生命延续的需要。拿破仑曾经强迫自己2~3个晚上不睡觉，结果最后也是瞌睡不已。人不可以不睡觉，哈欠，就是提醒我们睡眠不足的标志。

我们需要睡眠，关键是有些人睡不着。但你会发现，从机场到酒店的路上，在出租车上就很容易睡着，这是因为行驶的节奏，暂时的安静，让你的副交感神经开始发挥作用。当你持续兴奋的时候，交感在不断激活，身体各个器官就会出现亢奋的状态，所以不容易入睡。当你沉浸在获奖的喜悦中，午夜场电影的剧情中，堆积如山的表格里，思虑明早的会议，不解领导的态度，和家人争执，等等，都会让你交感神经激活，从而睡不着。交感神经过度激活的结果，带来大量的肾上腺素，长期下去，会产生肾上腺疲劳，这就是慢性疲劳症，比如疲惫、眩晕、低血糖（导致暴饮暴食，体重增加）、抑郁、风湿性关节炎、更年期症状加重等。

睡不着带来的一些生理反应，也是很多疾病的开始。通过一些放松方法，提高睡眠质量，也是提高健康水平的前提。

一位长胡子老人，某日在和老友一起小酌。一朋友对他的胡子感兴趣了，就问："你睡觉时这么长的胡子放在被窝里面还是外面呀？"老人一时想不起来，于是说："明天告诉你。"当晚老人特别留意胡子的位置，不用说，一晚上都没睡好。这个故事是说，睡眠就如同胡子，你把它当回事，它就会给你惹事；如果你不理会它，它就会酣然入睡。

从压力管理角度看，睡不着导致失眠，主要有两个原因：一是切换能力不够，二是放松能力不够。切换能力，就是放下的能力，即心理调节的能力，是能够放下种种念头，无论好事，还是坏事，让自己平静下来的能力。放松能力，就是通过学习获得的一种能力，可以帮助你在有压力的时候，达到身心平衡。

失眠者常常是这样的状态。一躺在床上，就开始暗示自己："今晚千万不能失眠了，一定要早些睡。"结果，越是要求自己早些睡，越是没有丝毫睡意，头脑超乎寻常的清醒。一连好多个晚上，都在重复这个过程。他没有一次能够在这样的意念控制下入眠。某一个晚上，他实在无计可施，就躺在床上暗示自己："反正是睡不着了，爱怎么着就怎么着吧。"他一遍遍地暗示自己，没想到身体完全放松下来，不一会他就不知不觉进入了梦乡。其实，有些事情就如同睡眠一样，越想控制就越难以控制，而当我们放开双手，顺其自然时，往往却得到意想不到的结果。

关于良好的睡眠，这里有几个建议供你参考：

（1）失眠的人，尽量不睡午觉，把睡眠集中在晚上，白天实在熬不住了，顶多打盹儿10分钟，不然睡很久，晚上肯定又睡不着了；不要晚上过早上床，容易引起睡前焦虑，越是不容易入睡的人越会担心晚上睡不着。

（2）入睡困难的人，可以实行30分钟法则，即不困不上床，一旦上床30分钟没睡着就起来，再困了再上床。如果又一个30分钟还没睡着，再起来，直至睡着为止。但起床时间一定要固定，包括周末节假日也一样，逐渐培养良好的睡眠节律，远离失眠。

（3）入睡困难的时候，可以通过前面提到的眼动疗法训练，在放松中就不知不觉地睡着了。可以学学幼儿的姿势，因为家长关灯后，小孩子只能双眼盯着暗暗的天花板，双眼在天花板上移来移去，在移动的过程中增加身体的放松状态，让自己入睡的时间缩短。

（4）睡前一小时不看手机、电脑、书籍等引起交感神经兴奋的事情，也不要想着工作的事情。尤其是微信的工作群，但凡夜里的微信内容几乎都是需要次日办理的，如果是当时需要处理的，往往就直接打电话了。当然也尽量不要食用包括咖啡、茶之类的带有咖啡因的食物。

（5）聆听令人放松的轻音乐，可以协助你切换到睡眠状态。手机里有类似的催眠音乐，可以在睡觉前一小时，就循环播放，提前让脑电波向睡眠的状态调整。有时候听喜欢的相声、小品也是不错的放松方法，不要听新的段子，因为毕竟要理解这些内容容易产生兴奋感，最好是听过的、耳熟能详的老段子，让你能够忘记其他的事情，放松下来。

（6）如果担心放松音乐会吵到家人，可以用大脑创造放松场景，诸如想象美好的大自然景色等，你在这个景色里悠闲地欣赏，尽量多地增加喜欢的元素，比如泉水叮咚、绿油油的田野、静谧的森林、通幽的小路等。有些"白日梦"也可以转移交感神经的兴奋，只要梦里面是积极、正向的内容就可以。

容易入睡的人是值得恭喜的，因为可以随时保持旺盛的精力。对于不容易入睡的人而言，尝试的方法越多，当效果不好的时候，越容易焦虑，由此，焦虑入睡本身影响了"方法"的效果。当一个人不容易入睡的时候首先要战胜心里对睡眠的焦虑，其次要放松，保持愉快的身心，减少焦虑式的思考，通过有氧运动加强身体的疲劳感，避免用精神力量对抗疲劳。

本节提供了压力转化的方法，核心在于紧张和放松之间的转化。适当的紧张能够带来一定的效率，但是过度的紧张就会产生压力感，进而带来身心平衡的损耗。本节也提供了常见的放松方法，读者可以根据自身情况选择更适合自己的方法坚持练习，帮助身心得到平衡。不要纠结方法的效果，而是应该把关注点放在"心"上，一个人越能减少"心"的波澜，越能放松自己。不要怀疑自己放松的能力，多关注自己放松时候的样子，当时的情境什么样子，以后可以创造类似的情境，帮助自己放松。

第三节　一念心转（管理压力转化：天助）

在"增加弹性"和"修复平衡"这两节里面给大家介绍了很多"放松身心"的方法，为何有的人总是进入不了状态，或者当时感觉很好，放松练习结束后，依然回归到"压力状态"？本节在回答困惑的同时，也提供了解决的方案。

一、保持一颗平常心

什么是"平常心"？就是允许万事万物自然地存在，是我们在日常生活中经常会出现的对于周围所发生的事情的一种心态。

世间万事万物都是一种常态，刮风、下雨都是一种再自然不过的现象了。见重要客户的路上下雨了，如果你因为没有带伞而成为落汤鸡，刮风了，吹走了你手中重要的文件，你一定会恨死这雨、这风。但是如果你带伞了，文件保护得很好，还会恨吗？所以，风雨没有错，而是人对风雨的心发生了扭曲，并认定其为自己人生路上的障碍。心中之气，也是从大脑对外物和心物的评价、感受而来。当我们对人、事、物赋予意义的时候，当我们对人、事、物的意义继续赋予新的意义的时候，认知会如同"蝴蝶效应"一样，扰乱一个人的心智，干扰当下的行为。电脑坏了，这是一个硬件的问题，坏了就是坏了，如果你对电脑故障的评价为"怎么偏偏我的电脑在这个时候坏了"，往往会对这个评价继续赋予意义："我怎么那么倒霉，这几天又得加班了；领导真烦，总是安排那么多活！"于是，你把注意力转移到工作加班和领导管理能力上，如果不终止，继续衍生下去，就会让神经细胞记忆这些负面的念头，进而做出消极的行为。当绩效不好的时候，也许你早就忘记了这些"不切实际"的意义赋予，反而怪罪身边的人，抱怨自己的命运，成为一个"祥林嫂"式的人物，重演"孔乙己"样的人生。但请记住：你依然可以做出选择，选择那颗"平常心"。

压力管理也是如此，如果把心思都放在压力上，都放在引起压力的刺激物上，相当于没有给自己留下放松的空间。天黑了，花花草草依然存在，你看不见，是因为你忘记了这个常态下的"平常心"。天黑，不是蒙蔽双眼的理由，心堵了，才是关键。一个人在压力状态下，伴随着肾上腺素引起的情绪化，扭曲了自己的认知，并制造了自己的行为障碍。

人人都具有一颗"平常心"，放开自己的心，你会观察到更多。《沃顿商学院最受欢迎的谈判课》里有个活动：一张白纸上，上面有一个黑框和红圆点，老师问大家白纸上有什么，很多人都说有红点。谈判中不仅要关注对方，也要关注整体。同样的道理，压力就是那个红点，压力之外其实还有更精彩的世界。

我们何以失去了"平常心"？

人做事的初心和天性本就是纯洁而充满正的能量的，只是因为一些压力烦恼让自己心念发生了扭曲和障碍，所以需要努力调整，用回归初心的真我状态来继续"善"的行为。

扭曲和障碍是因为我们做过很多错事，误解了很多人，包括对我们自己；因为矛盾冲突，我们记恨一些人，至今不能忘怀，因而形成心理阴影，时而还会翻出来折磨自己。这些负面情绪和心态需要翻转，属于我们的幸福之花才能绽放。一念心转，我们才算是活出了真智慧。

回想刚刚加入一家公司的时候，喜欢谁，不喜欢谁，和谁保持了普通的同事关系？再对比半年后，两年后，甚至是现在，人际关系的对象是否有什么变化？为什么会有这些变化？哪些人和你一直保持良好的关系？哪些人从喜欢转为憎恨？哪些人从开始的讨厌到如今的喜欢？哪些人从萍水相逢到良师益友？

也许他还是那个他，只是你的心变了。同时加入公司的甲和乙，拥有同样的业务能力和绩效，但乙升职了，作为甲是会恭喜、嫉妒，还是会愤恨？答案在你的心中，如人饮水，冷暖自知。

如何提升自己"平常心"的能力？

当我们经历一些磨难的时候，可以训练自己的平常心。

宋代的苏轼被贬到惠州时，已经年近六旬。一身兼济天下的大文豪在瘴气蚊虫肆虐的惠州，并没有因为遭遇挫折而一蹶不振；相反，他苦中作乐，身在哪里，就让心在哪里，如此的心境下，体会风土人情，写出了

"日啖荔枝三百颗,不辞长作岭南人"的千古佳句。苏轼的一生可以说不是被贬,就是在被贬的途中,正是他时刻抱有一颗"平常心",他才不断在逆境中崛起,快意人生。

不是每个人都有旷达的境界,我们可以在日常生活中修炼自己的平常心。

我们似乎认为只有在面对大是大非的时候,才需要修炼自己的平常心,实则不然。日常生活更能体现我们的平常心,也可以让我们随时修炼平常心,如此才会在压力来临的时候,让"平常心"保持我们身心的平衡。

语言中所带来智慧的能量可通过诵读呈现出来。通过反复潜心诵读后面的内容,就可达到境随心转的目的。一念心转,会让我们内心柳暗花明,更有力量。诵读内容中,最初有些观念也许会令自己一时感到难以接受,某些观念还可能会激起你内心的抗拒,但无妨,你只要按照指示去诵读和运用这些观念,不要妄自评判。只要发挥其用,就能体会出它的意义,给自己内心注入无穷的力量。

你可以根据个人的需要每天挑选一篇来念。如果时间允许,最好每天拿出一小时认真地念;相同的内容可以反复地念。读完之后就会心情平静下来。一周后,你将感觉你的心开始变柔软了;一段时间以后,心灵的力量就开始启动,你将看到世界已经变得有所不同!

二、觉察自我

说明

我们总是习惯于向外寻找答案,经常会用"要不是……我早就……""除非……"之类的语句作为寻找解决问题的方法,认为"当一个人拥有了某种资源之后"才可以解决问题,殊不知,我们自身才是一切的根源。外界不过是反映自身的一面镜子,透过镜子,给我们启发,激励我们觉察自我，反省自我。当清楚自己的时候，才会不断进步，才有可能提升内在动力。

诵读

过去，在我的世界里，有很多局限我的思想和信念，今天，我释放所有这些局限性的思想和信念，并用最最"平常的心"看待每一个人，每一件事，包括我自己，我的事。

外面正在下雨，我知道，下雨就是下雨，没有任何意义，如果有，也是我赋予的。

花园桃花开了，我知道，开花就是开花，没有任何意义，如果有，也是我赋予的。

隔壁装修了，我知道，噪音就是噪音，没有任何意义，如果有，也是我赋予的。

同事们正在聊天，我知道，聊天就是聊天，没有任何意义，如果有，也是我赋予的。

手机坏了，我知道，坏了就是坏了，没有任何意义，如果有，也是我赋予的。

有时候，感觉我要失控了，我知道，这是我赋予的，其实没有任何意义。

有时候，感觉好没意思，我知道，这是我赋予的，其实没有任何意义。

有时候，感觉别人快乐，自己痛苦，我知道，这是我赋予的，其实没有任何意义。

有时候，感觉做好这件事，我就快乐，我知道，这是我赋予的，其实没有任何意义。

有时候，感觉自己要崩溃了，我知道，这是我赋予的，其实没有任何意义。

有时候，感觉自己就像一个废物，我知道，这是我赋予的，其实没有任何意义。

有时候，总是担心别人会怎么看我，我知道，这是我赋予的，其实没有任何意义。

有时候，总是担心不如别人，我知道，这是我赋予的，其实没有任何意义。

有时候，总是担心自己生病，我知道，这是我赋予的，其实没有任何意义。

有时候，想起了某件事就会生气，我知道，这是我赋予的，其实没有任何意义。

有时候，想到了某个人就会愤怒，我知道，这是我赋予的，其实没有任何意义。

有时候，想到了工作的事儿就会烦闷，我知道，这是我赋予的，其实没有任何意义。

有时候，我会害怕见到某个人，我知道，这是我赋予的，其实没有任何意义。

有时候，我会害怕做某件事，我知道，这是我赋予的，其实没有任何意义。

有时候，我会沉浸过去成功的喜悦里，我知道，这是我赋予的，其实没有任何意义。

有时候，我会幻想放松时候的自己，我知道，这是我赋予的，其实没有任何意义。

有时候，我会有喜欢做某件事的念头，我知道，这是我赋予的，其实没有任何意义。

有时候，我会有喜欢某个人的念头，我知道，这是我赋予的，其实没有任何意义。

我所有的感觉，都是我赋予的意义，其实没有任何意义。

我所有的担心，都是我赋予的意义，其实没有任何意义。

我所有的害怕，都是我赋予的意义，其实没有任何意义。

我所有的想法，都是我赋予的意义，其实没有任何意义。

我所有的喜欢，都是我赋予的意义，其实没有任何意义。

我所有的所有，都是我赋予的意义，其实没有任何意义。

我的心就像平静的湖水，没有一丝涟漪；我的心就像静谧的山谷，没有一丝杂念。

我的心开始清净了，我的心开始圆满了；没有压力会束缚我，没有烦恼会束缚我。

从这一刻开始，我的心里不再有怨恨；从这一刻开始，我的心里不再有怪罪。

从这一刻开始，我的心里只有爱；从这一刻开始，我的心里只有理解。

我开始清楚我自己了，我开始觉察我自己了。

每一次我的心一紧，我就看到了我的抗拒和排斥；每一次我的手一抖，我就看见了我的批判和防卫。

每一个绷紧，每一次颤抖，都在提醒我该放手一些东西，该放松一些东西。我看到了我在抓住一些东西不放；身体也跟着紧张不安。

我看到了自己的狭隘与偏见：非要这样不可，非要那样不行。

我看到了自己的固执与倔强：非要固守这个，非要排斥那个。

我看了自己不够友善、不够体谅、不够理解、不够宽容。

现在我决定放下这些让我紧张不安的东西，现在我决定让我的身体开始放松自如。

我接受我的不完美，我也欣赏我的美好。

我接受别人的不完美，我也欣赏别人的好。

我体谅自己的不安，我也体谅别人的不安。

我理解自己的恐惧和脆弱，我也理解别人的恐惧和脆弱。

我看到我在保护自己的自尊和形象，我也看到别人在保护自己的自尊和形象。

我看到我在宽容自己的过错，我也看到别人在宽容自己的过错。

我不再看这个不好，看那个不顺眼，我对人和生命里所有的事情，不再批判，开始越来越放松。

我不再计较这个，不再计较那个，我对人和生命里所有的事情，不再投射，开始越来越有爱。

我看到了我自己在觉察，在反省，我的心开始越来越清明，我不再是一个受害者，我也不再是一个迫害者，我更不是一个牺牲者。

所有的问题，都是我内在的问题。

过去，我以为是世界对我不好，其实都是自己内在的问题。只要改变自己，世界就会改变。

我的本质是清净的，圆满的，我的内心原本没有压力和烦恼。只要我能放下心中的怨恨、内心的恐惧，只要我愿意用爱和理解面对，我依然可以找回那颗"平常心"。

我不再总是看到别人的过错，更多看到别人的美好。

我不再总是期待别人的改变，更多看到自己的改变。

我不再总是等待别人的理解，更多学会理解自己。

我不再总是渴望别人的肯定，更多学会肯定自己。

世界是美好的，我属于这个世界，我也是美好的。

世界是美好的，别人也属于这个世界，别人也是美好的。

我有资格享受生命中的爱，别人也有资格享受生命中的爱。

我值得爱与被爱，别人也值得爱与被爱。

融化每一个抗拒和排斥，化为友善的爱，给予更多的理解。

融化每一个批判和防卫，化为友善的体谅，给予更多的包容。

我放下了包袱，放下了这些不属于我的东西，我离开了受害者的角色。

我放下了恐惧和害怕，不再被它们分裂；我放下了愤怒和攻击，不再被它们胁迫。

我逐渐地走出困境，我不再害怕改变，我喜欢这些改变，它让我变得更加美好。

我开始勇敢接受自己黑暗的过去：负面、愤怒、悲伤，我今天可以释放它们。

批判的心升起，我可以看着它升起，我也可以看着它放下。

攻击的心升起，我可以看着它升起，我也可以看着它放下。

批判和攻击的念头消失了，批判和攻击的话一句也没了，批判和攻击的心完完全全消失了。

我不再打击别人成就自己，我为别人的成功而庆贺，如同为自己庆贺一样。

我不再把未来放在别人的肯定和掌控里，我要为自己的理想而行动。

我选择释放恐惧，我选择自由。我选择放下局限，我选择平常心。

我为我自己的选择负责任。

我的所有选择，都是出自我内心的真爱和理解。

我诚实面对自己，接纳自己，接纳自己美好和不完美的地方。

我接纳所有的人，理解他们的恐惧和脆弱，包括那些攻击我、让我痛苦的人。

有时候，我的念头里依然会生出抗拒和攻击，批判和防卫，我可以清清楚楚地看到，我依然接纳它们，因为我依然可以重新选择，不再坚持非这样，非那样。

放松，放松，再放松！

放下，放下，再放下！

我开始越来越欣赏自己了，也越来越爱自己了！

我的心灵越来越放松了。

我的身体越来越健康了。

我的生命越来越喜悦了。

自我觉察的目的在于自我接纳，尤其是接纳自己的不完整，这样才会坦然面对自己，面对自己的周边。同学家的小女儿见到叔叔后，问妈妈："这个叔叔怎么长得这么黑？"妈妈表示很歉意。如果你是这个叔叔，你会怎么回应？最真实的一句就是自我接纳式的回应："你说得太对了，叔叔就是这么黑！"因为是事实，接纳事实，就会根据事实做出事实的行为，而不是矫揉造作，让自己压力越来越大。

三、正念忏悔

说明

忏悔，是认识到了过去的错误，并决心痛改前非。忏，请人容忍和宽恕，这里面包括向外和向内表达的过程，体现忏悔的真心；悔，是懊恼过去做得不对，既然不对了，那就启示自己不要再犯，体现忏悔的行动。

忏悔有一个前提，即引发忏悔的事情。而判断这件事是否需要忏悔，由你的心来决定。假如你伤害到了一个人，都不觉得伤害，也就无从谈及忏悔。如果你意识到了伤害，你的心才会有悔感，才会引发忏悔的行为。解铃还须系铃人，伤害来自于你的心，解除伤害，还得需要你的心。

人为什么需要忏悔？这是人生路上价值寻找的一个必然过程，是自我人格升华的修炼。既是人性的力量，也是人性的光辉。人没有完美的人生，难免做出不好的事情，如何知道自己做得不好，忏悔给了我们一个机会，让自己清零，放空自己，先立后破，然后再立。先立，意味着找到忏悔的事情，后破，意味着通过忏悔减少罪恶和悔恨的心灵，再立，意味着重新提升自己的人性光辉，走向新的圆满。

接下来，请将呼吸调整到自然而舒适的节奏上来，静心回想，给自己一个反思的机会，一个为所有人送去祝福的机会。

诵读

闭上双眼，我的脑海里仿佛呈现出一幅画卷，我可以清楚地看到里面记录了我的种种想法、言语、行为，有过去的，也有现在的和未来的。有些念头和言行，曾经深深地伤害了别人，这是我的过错，带给别人诸多不顺和困难。

这些不顺和困难，有身体上的，有精神上的，我愿意坦诚地承认和接受，并愿意真诚地悔过。

我对事情赋予了太多的意义，在人际互动的时候，用它们来做尺子，表现出了我的固执和偏见，带给了你伤害，折磨了你的心灵。当彼此开始隔阂的时候，怨恨在你我之间如同鸿沟壁垒，我不开心，你也不开心。

但我相信，我们彼此都有一颗向往美好的心灵，都是想把爱与理解给予对方的。今天，我意识到这一点了，因此，无论过去发生了什么，我都首先祝福你：健康、开心、快乐！

我没有站在你的角度理解你，也没有洞察事物的真相，就妄下了结论，而这个结论是你不喜欢的，让你受伤了，在此我真诚地道歉。并祝愿你不再有精神的痛苦，不再有身体的病痛，真诚地希望你能保持一如既往的快乐和幸福。

愿你能体会到我忏悔的心，抛开过去的烦恼，重新回到自己美好的世界里，得到属于你自己的爱和理解。

愿你能分享我忏悔的心，让所有人感受到忏悔的价值，都能提升人性的光辉和灿烂。

在这里，我清楚地看到了我过去的错误，这个错误伤害了你，也伤害了别人，带给大家很多痛苦。我很自责，这份自责也带给我很多烦恼和痛苦。

人的本质是"爱"和"美好"，但是人在成长的路上总会犯错，在错误中学习也是一种人生经历。生命里的一切罪恶和痛苦都是赋予的恶意义，因此，我选择用最具"平常心"的忏悔接纳和宽恕自己。

放下过去的我，拥抱当下的我，我要重新选择，重新去爱和接纳。

在这里，我真诚地请求你的原谅和理解。

真诚地感谢你能够完完全全放下我对你的伤害。

真诚地感谢你能够完完全全原谅我对你的伤害。

真诚地感谢你能够完完全全地理解我，接受我。

在这里，我也真诚地原谅和接纳我自己。

我原谅我过去曾经做过的事情，我原谅自己的不完美。

我接纳我自己，接纳我自己的一切。

过去，有人也做了某些事情伤害过我，我深陷其中，让我的生命很痛苦。

今天，我选择理解你的行为，当时的你也是生活在自己的阴影下，你从没有想过要伤害我，只是你在受苦的时候，选择了不同于寻常的自我保护的方式。

现在，我理解你当时的感受，我能接受你的行为，我知道你在那个时候并不好受，因为换作是我，我也会有和你同样的感受，同样的行为。

过去，我不了解，不理解，是因为我还处于狭隘和偏见的世界里。

现在，我选择宽恕你，用我最友善的心，最柔软的心，理解你，接受你。

现在，我选择接纳你，用最友爱的心，最包容的心，释放你，给你自由。

我相信，我们都希望自己的心能够得到宁静平和，我们都在追求快乐和幸福。因此，为了我自己，也为了你自己，我们都把自己从痛苦的记忆里释放出来，走出受伤的牢笼，伸出你的手，伸出我的手，让它们紧紧握在一起，互相传递着接纳的喜悦，宽恕的力量。

我们可以一起面对过去彼此的错误，无论冲突还是伤害，都是我们各自内心阴暗面的投射，都是源自我们对人、事、物的各种局限性的想法，事情还是那个事情，只是我们从自己的角度赋予了不同的意义，进而带来了彼此的痛苦。其实，这些痛苦原本可以不存在的。

如今，我们彼此了解了，我愿意和你和解，我要大声而真诚地告诉我你：我原谅你了，我也原谅我自己了！

这时候，我的心如此平静，没有丝毫的波澜；怨恨消失了，愤怒不见了，我的血液里流淌着一个个"爱"的符号，我做到了，我原谅你了，我原谅我自己了，我和过去和解了，我接纳了，我是如此幸福！

宽恕，让我看到了光明；爱，让我看到了幸福。

感谢我生命里遇到的痛苦：这是我理解和原谅，接纳和宽恕的源泉。原来这一切都是最好的安排，让我学会成长，学会修炼自己的人生。

你原谅我了，我原谅你了！

你释放我了，我释放你了！

你接纳我了，我接纳你了！

你宽恕我了，我宽恕你了！

我们彼此自由了，我感谢你，我衷心祝福你永远平安喜悦！

正念忏悔，是爱的升华，是一种大爱。当恨一个人，不能原谅一个人的时候，其实就是恨自己，不能原谅自己。吵架了，当你还因为生气而不能入睡的时候，也许对方已经呼呼大睡了；离婚了，当你还在怨恨的时候，也许对方已经回归自己的生活了。身在事情里，因为在意这件事的人只有你自己。所以，宽恕吧！

四、接纳

说明

人的痛苦大多源于抗拒和排斥。细心观察我们的困扰，多数来源于"不接纳"。我们的压力和烦恼，大多源自过于为难自己。对于自己的缺点和不足，经常放不下，让自己很难受。对于别人的缺点和不足，也经常放不下，经常盯着，影响关系。对于现实的缺点和不足，经常抱怨，影响心情，没有幸福感。

什么是接纳？我看见你、听见你、尊重你，我不是试图改变你，但同时我也不失去我自己。接纳不是妥协，接纳不是全盘接受，也不是完全按照他人的期望去生活，而是尊重彼此的界限，不去争个是非对错、你死我活，不要求他人按照自己的想法去生活。

儿童时代的我们，总是与大自然融为一体，不会贴标签，总是充满了好奇的心，看待身边发生的一切事情。我们成年后，有了自己的思考之后，却逐渐湮灭了自己的感受，会用自己的信念判断人、事、物，导致看不惯的事情很多，越想改变，就越痛苦，越是努力，就越适得其反，困难和烦恼不请自来。

当痛苦越来越严重，直至自己承受不起的时候，才开始内求，开始放下，去接纳和包容。

接纳，不是让我们认为"存在的问题"一定要接受，也不是让我们放弃改变。而是让我们承认、尊重已经发生的事实、存在的合理性，然后基于实际情况，重新"选择"是否需要改变，而不是下意识地一定要去改变。如果确实重要，也容易达成，我们可以选择改变。如果没那么重要，也很难改变，我们完全可以放弃努力，选择接纳。人生有那么多可能性，我们没必要偏跟自己的缺点和不足较劲。

所谓不接纳，就是明明是已经发生的事实，但是因为太"害怕"后果，我们拒绝承认或者不尊重"问题"存在的合理性，下意识地一定要去改变。

不接纳，有三个典型的表现：不敢承认；不尊重事实；下意识地想要改变。

接纳也是一个学习的过程，像洋葱一样，一层层剥开自己的伤痛，然后一层层释放，最后再一层层疗愈。而疗愈的过程也是最让人害怕、最想逃避的过程。很多人说，他们知道要爱自己，接纳自己，就是做不到，更别说接纳别人了。也许下面的诵读能够帮助你。

诵读

接纳自我

在我的身体，我的心里，我的灵魂里，有我喜欢的地方，也有我不喜欢的地方，有我接受的地方，也有我不接受的地方，它们都是我身心的一部分，我都要勇敢地接受它们的存在。我能平静地感受它们的存在，清净自如地接纳它们的存在。

接纳自我，就是接纳我的一切，接纳我的完美和不完美，这是我成熟的标志。

我知道，这个过程是艰苦的，会遇到重重障碍，也会犯下许多错误，也会让人误解，但我选择接纳自我，因为这是我生命的一部分。

无论我做什么，我都会支持我，接纳我，接受和容纳我所做的一切，并和我的内心融为一体。

我不接纳，我就会抗拒，用对立的方式束缚我自己，损失我自己的能量，消耗我的健康。

我看到自己的容貌，有俊俏的地方，也有丑陋的地方，我尊重它们的存在。

我看到自己的优点和缺点，看到自己的成功和失败，既不目中无人，也不妄自菲薄，我尊重它们的存在。

我看到自己的微瑕，我看到自己的碧玉，我看到自己的品德，我不苛刻，我不责备，我尊重它们的存在。

我看到过去的错误，我尊重它们的存在，这并没有影响我当下的快乐。

我看到了一切的人、事、物，我接受我看到的，我尊重它们的存在，不会让我有一丝的涟漪。

我看到有人误会我，我接纳他的误会。

我看到有人怪罪我，我接纳他的怪罪。

我接纳自己，我宽容自己，我喜欢自己；我选择心平气和，我选择与自己和谐相处。

我要感谢我自己，感谢自己在学习中不断接纳自己。

我要感谢我自己的过去，给我学习接纳的机会。

抱紧我的双臂，我拒绝了世界；伸开我的双臂，我拥抱了世界。

抗拒，就是抱紧双臂的过程，抗拒接纳自我；宽容，就是伸开双臂的过程，让自己和万物融为一体。

接纳了，自信了，人更好了。

接纳了，世界更宽了，万物更美了。

接纳了，我的思路顺畅了，我的世界顺畅了，万事万物都和谐了。

我的心，就像一个容器，我接纳的越多，我得到的越多；我排斥的越多，我得到的就越少。

一花一木，接纳了自己，与大自然融为一体，任何波澜都无法阻挡它们对生命的热爱。

一心一思，接纳了自己，与世界融为一体，任何变化都无法阻挡我对幸福的追求。

关上我的心门，抗拒、烦恼、痛苦让我不断挣扎，负面的磁场包围着我，呼吸变得困难，能量从我的心里慢慢溜走，健康也在每况愈下。

打开我的心门，我的心平和了，我的心安详了，我的磁场开始和美好的磁场共鸣，幸福、运气、财富、智慧都和我共鸣，它们悄悄地滋养了我的心灵。

接纳是一个感受的过程，感受存在的过程，我看不见它，我听不到它，我摸不到它，它就住在我的心里，只要我去感受，它就会向我招手，只要我去接纳，它就会给我福报。

世界就在你的心里，世界不在你的眼里，因为你的心在哪里，你的世界就在哪里。

没有人能改变世界里的人、事、物，我只能改变我自己，我是世界的一分子，我变了，世界就变了。

我有什么心念，我就会看到什么样的世界。

我悲伤，我的世界就悲伤；我快乐，我的世界就快乐。

我抗拒，世界就会抗拒我；我接纳，世界就会接纳我。

我选择，用笑容改变世界；我选择，用爱去改变世界。

我的人生旅程，就是一个无条件接纳的过程：接纳自己的美好，接纳自己的不完美；接纳自己的光明，接纳自己的暗淡。

爱自己，就是爱自己的全部，接受自己的一切的存在。

生命里没有直线，我们总会遇到开心的事，也会越到难过的事，每一次冲突，每一次分裂都在启示我们进行接纳的修炼，让光明驱赶黑暗的世界。

一切冲突和黑暗，都是我内心的投射，虽然我害怕它，我想逃避它，但我知道，这是最需要面对和治疗的，这是诚实对待自己，是成长和提升的动力。

爱面子，就是抗拒，就是排斥，是用自己的幸福和快乐掩盖自己的痛苦。

尊重自己，就是接纳自己，坦诚于自己的真实存在，让自己更加幸福和快乐！

一个悲观的人，即使看到自己的成功，也不会接纳，他的眼里只有别人的成功。

一个乐观的人，即使看到自己的失败，也会完全接纳，他的眼里是对自己爱的呵护。

我们有理由说，接纳自己，就是爱自己，是无条件地爱自己。

我选择爱自己，爱自己的一切：

看到面容的瑕疵，我会感谢它的陪伴，内心没有波澜和抗拒。

看到镜子里的身材，我会感谢它的陪伴，感谢它为我的存在。

看到失败的作业，我会感激它带给我的成长。

看到成功的嘉奖，我会感激它带给我的激励。

我包容了自己，我也包容了世界，我的心宽了，我的心静了。

我不再用对和错来评价自己，我的世界简单了，简单到只有幸福的存在。

我深深感到，身边的每一个人都是来陪伴我，每一件事都是来支持我的；仿佛大自然眷顾我，陪伴我，每天洒给我无数的幸福与快乐。

我爱自己的身体，我感受每一寸肌肤都在散发生命的活力。

我爱自己的思想，我感受它指引我不断寻找生命的意义。

我爱自己的灵魂，我感受它无处不在给我温暖的光明。

我选择接纳，用它来滋养我的身体，滋养我的思想，滋养我的灵魂，我深深地爱自己，我的力量越来越强大。

我感受我的存在，我看到了世界为我开启了无数的大门，我自由地进出，徜徉美好。

我尊重自己，我尊重他人，我尊重世界。

我看到真实的自己，不苛责自己，不强求自己。

我看到自己的界限，不投射给别人，不投射给世界。

批判离开了我的世界，抗拒消失在我的心海，我放松了自己，放空了自己，也放下了自己。

我接纳自己的现状，为自己而活；困难、烦恼还会袭来，我会感受它在我内心世界的存在，我会用拂尘轻轻掸去，就像没有发生过一样。

我接纳自己的生活，为自己而活：困惑、障碍还会袭来，我会用一个放大镜，感受到小我的存在，也会用一个缩小镜，让它消失得无影无踪。

每一件事，每一个人，都是世界对我的磨炼，让我更加爱自己，进行成长与提升。

接纳自己，就是唤醒自己，而不是惩罚自己。

接纳不是简单地原谅，而是面对真实的自己。接纳不是一味地忍耐，而是接受真实的感受。接纳不是把别人的思想和感受放在自己的脑海里；接纳不是为了通过讨好而期待别人的肯定与奖励。

接纳，是一个向内看的机会，给自己一个成长的机会。

我接纳自己，为自己而活：把激励自己、肯定自己的权力留给自己，而不是交给他人；一切的优点、缺点，成功、失败，都交给自己，不再和别人比较，我就是我，一个真实的我。

我接纳我的能力，我享受我的能力带给我的快乐，我看到我的能力足以让我富足。

我接纳我的情绪，我享受我的情绪带给我的感受，我看到我的情绪足以给我启发。

我的哀怨，我的愤怒，我的一切，我都接纳。

对我的误解，对我的讥讽，对我的一切，我都接纳。

我的过错，我接纳，我原谅；别人的过错，我接纳，我原谅。

我摆脱了那个过去的小我，我的生命迎来了幸福，我伸开双臂，拥抱这一切，我感觉，我接纳，我爱着我，我享受着这无条件的爱。

我要开心，我就可以开心。

我想说话，我就可以表达。

我要愤怒，我就可以愤怒。

我有委屈，我就可以感受。

我忠于自己的感受，感受它们的存在，不再压抑自己，不再欺骗自己。

我不担心花开，我也不担心花落；我不担心云卷，我也不担心云舒。

我不再设防，我也不担心曲解；我不担心面子，我也不担心形象。

我不再关注别人的肯定，我也不再关注别人的赏识。

我就是我，我要做我自己，接纳我自己的一切，接纳不完美的我。

我相信一切都是最好的安排，我接纳生命的旅程，我感谢生命的旅程，我热爱我生命的旅程。

接纳他人

生活中我常挑剔一些事情，对某些人看不顺眼，与人相处的时候总是不能愉悦，总是觉得对方听不懂我的话。我开始烦恼，对方怎么就不能改变呢？究其根源，是我不接纳他人，过重的评判心，缺少了尊重，用自我设限的方式去看待人、事、物。

今天，我选择放弃这些认知。

每个人都有自己的生活习惯、思考模式，当我指责和挑剔的时候，就是不尊重彼此的差异；把改变的希望放在对方身上的时候，我得到的只有排斥，对方不开心，我也不开心。

每个人都有自己的生活轨迹，当我干预和干扰的时候，就是不接纳对方的行为；我不尊重对方原来的样子，我得到的只有抗拒，对方生气，我也生气。

没有人会轻易地按照对方的模式去生活和思考，我也同样如此。

把改变的希望放在对方的身上，就是逃避自己的问题。

婚姻关系中，希望对方能够理解我，包容我，爱我，体贴我，如果对方做不到，我就会生气和失望。这是变相指责对方的缺点，威胁对方，是对对方的挑剔和不尊重。

亲子关系中，希望对方能够按照我的方式思考、做事，如果对方做不到，我就会失望和愤怒。这是变相干扰对方的人生轨迹，威胁对方，是对对方的不理解和不接纳。

同事关系中，希望对方能够给我想要的赞美和肯定，如果对方做不到，我就会冷漠和怨恨。这是变相索取对方的人生价值，威胁对方，是对对方的控制和伤害。

对方的不配合，源自我们的不接纳。

不接纳，就是不尊重，不理解，不喜欢，不珍惜，对方自然就会不配合。

不接纳，就是希望对方改变，我不变，让自己陷入失望、生气等的负面情绪里。

不接纳，就是恣意发泄自己的情绪，胁迫对方，伤害对方。

真正的爱，是尊重彼此差异，接纳彼此。

真正的爱，不是控制对方，胁迫对方。

真正的爱，是包容，是豁达。

当我不满意对方的时候，因为我有一颗不满意的心，也会不满意自己。

当我指责对方的时候，因为我有一颗批判的心，也会指责自己。

当我批判对方的时候，因为我有一颗批判的心，也会批判自己。

当我不接纳对方的时候，因为我有一颗不接纳的心，也会不接纳自己。

原来，我不接纳的不是别人，而是自己。别人，是我的心投射的结果。

我说一次是非，我就做了一次是非人。

当我说某某某有问题的时候，那个问题的来源就是我。

当我说你不该的时候，其实是我不该。

当我说你不该抱怨的时候，其实是我对你的行为开始抱怨。

当我说你不该有情绪的时候，其实是我已经产生了情绪。

当我说你不该撒谎的时候，其实是在映射我内心对撒谎的敏感。

当我说你不该冲突的时候，其实是在映射我内心的分裂。

如果我接纳了你的抱怨，就是接纳了自己抱怨的心，我在你的身上学会了如何调整自己。

如果我接纳了你的情绪，就是接纳了自己的情绪，我在你的身上学会了如何放松自己。

如果我接纳了你的冲突，就是接纳了自己的冲突，我在你的身上学会了如何整合自己。

其实，我要感谢你，是你让我看到了自己。

其实，我要珍惜你，是你让我还原了自己。

其实，我要呵护你，是你让我找回了自己。

接纳他人，看到负面里的我，让我远离烦恼，轻松自如。

接纳他人，就是诚实地面对自己，让我相信自己，给自己希望。

他们都没有问题，无论他们是对还是错；因为一旦认为他们有问题，就会设定一个自我的心理界限，再次陷入牢笼；越是想改变他们，越是给自己上枷锁，越是痛苦不已。

我不需要改变任何一个人，我就是我，他就是他。

我不需要任何一个人的认可，一切的认可都是自我的认可。

我没有问题，你也没有问题；我没有错，你也没有错。我们是平等的。

我接纳了你，我放下了对你的控制，我轻松了，你也轻松了。

我接纳了你，我放下了对你的胁迫，我开心了，你也开心了。

不完美从来就是生活的本质，我接纳你的不完美，就是接纳我的不完美。

接纳，是无条件的，这是爱的使命。

你的选择，我无条件接纳，那是你心中最为正确的选择。

你的优点，我无条件接纳，那是你生命里光辉的体现。

你的缺点，我无条件接纳，那是你生活里成长的启示。

你的思想，我无条件接纳，那是你心中最喜欢的方式。

你的行为，我无条件接纳，那是你最擅长的一种习惯。

我放下了指责，我选择了无条件接纳，我们轻松了。

我放下了挑剔，我选择了无条件接纳，我们自由了。

我放下了抱怨，我选择了无条件接纳，我们和谐了。

我接纳了你，我接纳了自己，我接纳了人生，我也接纳了世界。

原来，我们一直都是互相尊重的。

原来，我们一直都是互相理解的。

原来，我们一直都是互相呵护的。

一切都是和谐的，一切都是美好的。

接纳，是自我觉察的升华。"人造美女""人造帅哥"，既是一种生存手段，也是不接纳自己的一种表现。波兰华沙26岁女子尤里安娜·优素福（Yulianna Yussef）患有罕见的遗传病——先天性黑色素细胞痣，全身长满了胎记。儿时优素福为此备受欺凌，甚至被称为"斑点狗"。但她学会正视自己与正常人的不同，每天都在社交网络上传自己的照片，通过展示自信走红网络，鼓励了无数人。

五、放下

说明

当我们手心里攥着东西时，就没办法再去拿其他东西；当我们内心里装满了固执的念头时，就再也接受不了新的想法。放下是学习的开始，更是改变的前提。

当我们说"很难放下"的时候，往往源于一种贪念。有时候，宁肯牺牲自己的健康，也要固守。生命如同一次旅行，停留在一片风景里，就会失去其他的风景；要想欣赏更多的风景，就要学会放下留恋。

这个世界里，没有唯一的东西，这是在给我们得以选择的机会，但选择的前提是，放下之前的东西，否则，即使你选择了，也无处安放。

诵读

我抓住了一些东西，我已经很累了，我感觉能量就要耗光了，疲惫的双眼，枯竭的心灵，我快承受不住了。

我抓住了一些东西，已经很久了，溜走了一个又一个新鲜的事物，可我只有一双手，我难过极了。

我有很多念头，我放不下，但我的生活已经很糟糕了。

我有很多感受，我放不下，但我的心灵已经很麻木了。

我有很多幻想，我放不下，但我的人生已经很困苦了。

我有太多的执念，已经填满了我的心，我感受到心里的拥挤，大脑的膨胀，我渴望得到自由，渴望得到松弛。

我不能再这样了，是时候放手了，我要给每一个执念安上一个气球，让它们自由飞翔，想飞到哪里，就飞到哪里。

这些东西不属于我，我也不属于它们。

它们可以小住，但不可以长久。

它们可以涟漪，但不可以波澜。

它们在这里，总是堵塞我的心灵，让我无法自如地呼吸。

它们离开了，我就可以身轻如燕，自由地翱翔。

它们不是唯一的，我有很多选择，请不要干扰我的生活。

它们不是绝对的，我有很多机会，请不要干涉我的自由。

我可以选择它们，我也可以没有它们，我是灵活的。

我可以放弃它们，我也可以保留它们，我是无拘无束的。

名利只是一个噱头，放下它们，我可以明心见性。

财富只是一个代号，放下它们，我可以健康幸福。

是非只是一个判断，放下它们，我可以自在满满。

得失只是一个现象，放下它们，我可以豪迈洒脱。

甘苦只是一个感受，放下它们，我可以信心十足。

我爱我的家人，但我不控制我的家人。

我爱我的工作，但我不渴求工作的回报。

我珍惜彼此的友情，但我不把它据为己有。

我忠诚于我的爱情，但我不把它作为枷锁。

杯子已经满了，倒掉一些，我可以品尝新茶。

房间已经满了，拿走一些，我可以轻松踱步。

回忆已经满了，清空一些，我可以思绪奔放。

心里已经满了，放空一些，我可以自由呼吸。

放下别人的评价，我要欣赏自己。

放下面子的羁绊，我要自由人生。

放下过去的成就，我要崭新未来。

放下昨日的忧伤，我要重新快乐。

放下曾经的自卑，我要自信面对。

放下愚昧的抱怨，我要慰藉心灵。

放下狭隘的信念，我要宽容豁达。

放下消极的情绪，我要积极向上。

放下多疑的焦虑，我要果敢信任。

放下小小的我，我要大大的我。

我知道，我抓住的越多，我就得到得越少，我放下的越多，我就得到的越多。

我的心，就那么大，盛下了你，就容不了它，索性谁也不留住谁，让心灵的空间自由流淌，谁都可以来，谁都可以走。

当我抗拒的时候，我的心里只有抗拒，我得到的只有烦恼。

当放下抗拒的时候，我的心里只有宁静，我得到的就是平安。

当我批判的时候，我的心里只有批判，我得到的只有抱怨。

当我放下批判的时候，我的心里只有清净，我得到的就是祥和。

世界不是唯一的，世界是灵活的，没有什么是不可以放下的，我有很多的选择。

我真的有很多选择：

当你不爱我的时候，我放下了你，我选择了祝福。

当你伤害我的时候，我放下了你，我选择了原谅。

当你背叛我的时候，我放下了你，我选择了理解。

当你爱我的时候，我依然可以放下，我选择了平等。

当你感恩我的时候，我依然可以放下，我选择了无私。

当你忠诚于我的时候，我依然可以放下，我选择了大我。

我放下了，我的心开始自由了。

我放下了，我的心开始清净了。

我放下了，我的心开始安详了。

终于，我放下了，岁月如此静好！

六、释放压力

说明

现代人身心普遍承受很大的压力。锅炉通过放气的方式，缓解蒸汽对锅炉的破坏。我们可以通过诵读的方式释放紧张、舒展压力、转换情绪。你和任何人有一些内心的纠结困扰或互动上有障碍打不开的时候，都可以通过诵读来释放减压。

唯有经过释放，让"心"清澈起来，善的、美的、好的能量才会展现出来！想要幸福、健康，首先要释放所有的压抑和愤怒！

多年的经历，我们在潜意识存放了很多信念，有些消极的、局限性的信念，因为逃避等因素，隐藏了起来，但是它们会在不同时刻以多种方式不知不觉地显露出来，并主导了我们的一生！关键是我们意识不到它们的存在。借助诵读，当我们和潜意识联结的时候，它们就会慢慢暴露。潜意识是个仓库，任意存储我们的思想和念头，如何调配它们，潜意识只会遵从我们的指令。长久积压在心里的愤怒、悲伤和挫折会隐藏在身体里。只要你告诉潜意识释放它们，潜意识就会释放。因此，请认真地告诉自己，明确地对潜意识下指令："我愿意释放！我愿意释放！我愿意释放！"恐惧就会逐渐被释放，心灵也将重新获得自由。

随着诵读，大脑和心灵会逐渐清爽，所以，你越勇于面对和释放，就越快得到疗愈。只有看清楚你曾经受到什么伤害，才有办法把它们释放掉。仁慈地看待自己的过错和对自己的批判。一边念，一边体察过去每一个负面情绪，过去的痛苦都是自己在惩罚自己，折磨自己，使自己觉得不完整，不够好，不值得被爱。告诉自己，爱自己，就该停止折磨自己！体会释放痛苦，体会释放折磨。它们曾经是你的一部分，感谢它们教导你学会爱。看着它们在虚空中转化为光明，它们就不再困扰你。

请诚实地练习，唯有对自己诚实，潜意识才会认真地执行指令，才会达到真正释放的目的和效果。如果你练习的时候总是思考这个是否真的有效，潜意识就会按照无效处理。所以，只有完完全全地相信，潜意识才会真正地帮助你释放压力。

诵读

潜意识，潜意识，潜意识！

我知道你一直都在帮助我，爱护我，呵护我！

过去，因为我的种种原因，在你那里存放了太多的负面情绪，给我们带来了很大的压力。

今天，我意识到了，我真诚地向你道歉，并请求你的原谅！

（反复诵读，直到你能和潜意识联结。）

此刻，我向你承诺：我愿意释放！释放掉所有黑暗、负面、不健康的东西，给我们一个清净、阳光、善良的心灵，让我们在有爱的世界里自由自在。

恐惧给了我压力，今天，我选择释放，我要自由和放松。

愤怒给了我压力，今天，我选择释放，我要自由和放松。

悲伤给了我压力，今天，我选择释放，我要自由和放松。

压抑给了我压力，今天，我选择释放，我要自由和放松。

焦虑给了我压力，今天，我选择释放，我要自由和放松。

委屈给了我压力，今天，我选择释放，我要自由和放松。

抗拒给了我压力，今天，我选择释放，我要自由和放松。

怨恨给了我压力，今天，我选择释放，我要自由和放松。

猜测给了我压力，今天，我选择释放，我要自由和放松。

嫉妒给了我压力，今天，我选择释放，我要自由和放松。

敌意给了我压力，今天，我选择释放，我要自由和放松。

孤单给了我压力，今天，我选择释放，我要自由和放松。

失落给了我压力，今天，我选择释放，我要自由和放松。

担心给了我压力，今天，我选择释放，我要自由和放松。

害怕给了我压力，今天，我选择释放，我要自由和放松。

哀伤给了我压力，今天，我选择释放，我要自由和放松。

自责给了我压力，今天，我选择释放，我要自由和放松。

局限给了我压力，今天，我选择释放，我要自由和放松。

内疚给了我压力，今天，我选择释放，我要自由和放松。

脆弱给了我压力，今天，我选择释放，我要自由和放松。

恐惧权威给了我压力，今天，我选择释放，我要自由和放松。

恐惧生存给了我压力，今天，我选择释放，我要自由和放松。

恐惧未来给了我压力，今天，我选择释放，我要自由和放松。

恐惧去爱给了我压力，今天，我选择释放，我要自由和放松。

罪恶感给了我压力，今天，我选择释放，我要自由和放松。

愧疚感给了我压力，今天，我选择释放，我要自由和放松。

羞耻感给了我压力，今天，我选择释放，我要自由和放松。

无力感给了我压力，今天，我选择释放，我要自由和放松。

落寞感给了我压力，今天，我选择释放，我要自由和放松。

空虚感给了我压力，今天，我选择释放，我要自由和放松。

挫折感给了我压力，今天，我选择释放，我要自由和放松。

自卑感给了我压力，今天，我选择释放，我要自由和放松。

压迫感给了我压力，今天，我选择释放，我要自由和放松。

无助感给了我压力，今天，我选择释放，我要自由和放松。

窒息感给了我压力，今天，我选择释放，我要自由和放松。

不安全感给了我压力，今天，我选择释放，我要自由和放松。

无价值感给了我压力，今天，我选择释放，我要自由和放松。

过去那些不被爱的记忆给了我压力，今天，我选择释放，我要自由和放松。

过去那些不被接受的记忆给了我压力，今天，我选择释放，我要自由和放松。

过去那些被否定的记忆给了我压力，今天，我选择释放，我要自由和放松。

过去那些被忽视的记忆给了我压力，今天，我选择释放，我要自由和放松。

过去那些被敌视的记忆给了我压力，今天，我选择释放，我要自由和放松。

过去那些被批判的记忆给了我压力，今天，我选择释放，我要自由和放松。

过去那些被孤立的记忆给了我压力，今天，我选择释放，我要自由和放松。

过去那些被指责的记忆给了我压力，今天，我选择释放，我要自由和放松。

过去那些被怀疑的记忆给了我压力，今天，我选择释放，我要自由和放松。

过去那些被拒绝的记忆给了我压力，今天，我选择释放，我要自由和放松。

过去那些被欺负的记忆给了我压力，今天，我选择释放，我要自由和放松。

儿时，无法控制的愤怒和悲伤，干扰了我的生活，今天，我选择释放。

儿时，无法接受的指责和谩骂，干扰了我的生活，今天，我选择释放。

儿时，无法表达的委屈和伤心，干扰了我的生活，今天，我选择释放。

我释放了我过去所有的负面能量。

我释放了我现在所有的消极情绪。

我释放了我所有对未来的恐惧。

我的每一个细胞都是通透的。

我的每一次呼吸都是温暖的。

我的每一次心跳都是舒缓的。

我的心如此明亮，我的心如此开阔，我的心如此平静。

我现在是自由的。

我现在是轻松的。

我现在是幸福的。

我看到了我的一切都是美好的，善良的。

我看到了我身边的一切都是美好的，善良的。

我看到了世界里的一切都是被爱包围着的。

现在，我非常放松，非常轻松，非常放松。

现在，我是当下的我：我的一切都是清净的，洁白的，无瑕的。

现在，我的心里仿佛展开了一朵花，很香，很美。

谢谢你，我的潜意识，我爱你！

谢谢你，我的潜意识，我爱你！

释放压力，不是让压力消失得无影无踪。而是在觉察中接纳，在接纳中放下，在放下中宽恕，在从忏到悔的旅程里，孕育出新的萌芽，让代表爱的萌芽成长出喜悦和美好，让人生更加完美。

"平常心"即是我们的初心，也是走向天性的修炼之旅。压力总会扭曲我们的价值观和心智模式，并成为我们前进的障碍。回归"平常心"看似坎坷，其实就在一念之间。我们可以通过诵读的方式，提升自己这种"一念心转"的能力。诵读的内容虽然很长，但是对"压力的缓解"大有益处。

第四章

压力出口

第一节　做宣泄者（管理压力出口：自助）

前面说过"口入五谷杂粮""心入七情六欲"，社会化的人难免受到压力源的刺激，并在自己的心智模式形成各自的压力状况。有些压力可以在压力的进口中阻碍其影响，有些压力需要通过弹性的方式进行管理。压力是不会消除的，只能转化或减少，同时无论在哪一个环节，压力在心智模式的作用下，配合生理的机制，会通过一种形式表现出来，就是情绪。而情绪总是以能量的形式干扰我们的生理和心理，同时能量只能转化而不能消失，因此掌握一定宣泄能量的方法，是化解压力下情绪影响的方式之一，这是本节的主旨。

一、无法说再见的情绪

情绪的本质

"别有情绪！""别闹情绪！""控制好自己的情绪！"这是职场上遇到"不公平"事件时候经常听到的"安慰"方式。似乎在职场上情绪不是个"好东西"，是应该被"排斥"的。但是，人对事件不可能冰冷，如"战或逃"反应带给我们生理变化、情绪变化，总是在七情（喜、怒、忧、思、悲、恐、惊）中不断转换。可见，情绪的存在是必然的，那么什么是情绪呢？自1884年美国心理学家詹姆斯·威廉姆斯在《心理学原理》中提出了"情绪学说"，情绪的研究就如雨后春笋般林立在学术界。

《普通心理学》对情绪的定义为：情绪是以主体的愿望和需要为中介

的一种心理活动。这个概念里揭示了情绪的混合心理现象，因此情绪的含义历来复杂，至今未能达成一致。

情绪是一种主观体验。一个新项目，如果你的能力正好符合，也许你会欣然接受，感受更多积极的情绪体验；反之与你的能力冲突了，也许你就会苦恼不已，感受更多消极的情绪体验。

情绪可引发人的表情。同样是一个新项目，欣然接受的时候，语调、面容、姿态都体现出你的快乐；反之，体现出不安面容，声音微弱，眉头紧蹙。主观体验存在于脑海里，但是表情却是对方判断你情绪的标志。虽然我们可以伪装自己的表情，但是微小的细节依然可以暴露出一个人的情绪，比如"杜乡的微笑"和"皮笑肉不笑"就揭示了微表情的规律。

情绪能产生生理唤醒。这是情绪产生的生理反应。这也是测谎仪的原理。开心的时候，心跳节律正常；恐惧的时候心跳加速，血压升高等。对于喜欢的项目，呼吸是通畅的；对于不喜欢的项目，会有胸闷的体验。这在前面压力定义中已经描述过。

情绪影响人的认知。快乐时与压抑时人的记忆力是不同的，创新的成果也是不同的，积极情绪体验下的工作效率总是高于消极情绪体验下的效率。

所有情绪在本质上都是某种行为的驱动力。开心时手舞足蹈，愤怒时拍案而起，都是情绪引发的情绪行为。

以上列举了情绪的组成成分，与我们作为人这个物种的存在息息相关，所以，我们不可能对情绪说再见。

情绪的作用

情绪是人类的保护机制。因为婴儿的哇哇大哭，父母知道孩子或者饿了，或者身体某些部位不舒服了，婴儿通过情绪反应与父母建立初始的联系，并获得良好的照料。随着语言功能和认知功能的发展，情绪已经不是唯一的人际联系，但是情绪反应的功能依然保留下来，只是被成人用意识思维压制了而已，诸如"不能让别人看出我的伤心"。

根据人脑生理解剖的研究发现，外界刺激转为感官信号抵达丘脑，丘脑首先传递给杏仁核，其次传递给大脑的新皮层。杏仁核具有情绪记忆功能，可以提取过往经验与新的刺激对比，做出及时的情绪反应。接着新皮层也会对外界刺激进行证据分析，把结果通过前额叶传递给杏仁核，以管理情绪。这一先一后的关系说明情绪在前，理性在后。这一机制恰好对我们提供了保护。中途来到会议室参加管理会，外界的刺激也就是会议室里的各种信号形成一种氛围，根据过往经验你可以快速地判断出会议进展的情况是紧张的，还是顺利的，也决定了你用何种肢体语言，何种表情坐下来。如果没有这种情绪的感受能力，在会议进行得紧张的情况下，你依然高兴地走进会议室，同事一定会用异样的眼光看着你。也正是情绪信号的提醒，你才知道要小心翼翼。接着，你的大脑才开始调整接下来应该以什么样的方式进行演讲。

需要注意的是：杏仁核记录了过往的情绪体验，使得人们做出草率判断，比如鸦雀无声的会议室让你误以为会议进展不顺利，事实上恰好大家在思考创新方案。我们常说冲动是魔鬼，因为有时候情绪的反应会过度。好在新皮层会理性分析，以最终控制你的情绪。如同上级斥责你的业绩，情绪反应让你或者辩解，或者装作听不见，但是理性反应告诉你保持冷静。

情绪促进人体内部的协调。这种协调既有生理的，也有认知心理的。适当的兴奋可以改变人体的节律，比如血压升高，使身心活动处于最佳状态，提升大脑供血，让公众演讲变得更精彩。我们常说"消极怠工""积极向上"，都是以情绪调节为中心改变工作的效率。恋爱时，可以通宵语音沟通，第二天依然精神抖擞，这是愉悦的情绪带来身体状态的改变；吵架时，也是彻夜不眠，第二天却萎靡不振，这是悲伤的情绪引起的身体不适。面对工作的压力，如果坦然接受，平静的情绪让你积极投身于工作上来解决问题，反之，郁闷的情绪会影响大脑的聚焦，让注意力分散，使得问题迟迟不能解决。

情绪可以协调人际关系。前面在情绪本质中提到了"表情"。《重塑心灵》一书写道："情绪是内心的感受经由身体表现出来的状态。"表情，是情绪反应的一种状态。人们可以根据彼此的情绪反应传递信息，弥补语言信息的不足。微信是当下流行的社交平台，里面"表情包"的意义就在于如此。当你向领导表达了工作中的一个建议，领导一般会回复"好，我知道了！"你的情绪反应会倾向于怀疑：早知道不说了，领导到底是同意还是不同意？如果领导在回复中增加一个笑脸的表情或者 OK 的手势，你的情绪反应就会倾向于：领导大概是同意了。可见情绪表情的重要性。恋爱交往的情绪表情更是直接的信号，如果微信聊天中你的"爱情"表情包被对方也是用类似的表情包回复，交往成功的可能性大；反之，对方主要以文字的方式回应，而没有"爱情"表情包出现，交往的可能性就会降低。面对面的沟通也是如此，通过表情的信号，可以知道对方是否接受你，也可以通过控制表情，拒绝和某些人的相处。当同事热情地向你介绍度假的感受时，如果你冰冷地看着对方，很快就会结束谈话；如果你热情洋溢地注视着对方，对方就能更详细地介绍度假感受，并视你为知音。

情绪的演化带来保护机制，所引起的生理反应协调机体组织的运作，产生的表情又促进了人际交往，所以我们离不开情绪。

情绪的种类

由于文化的影响，在儿童期开始我们往往压抑自己的情绪，不再像婴儿期那样真实反应情绪了，进而影响了我们成人时候的情绪表达。"你是男孩子，不可以哭""你是女孩子，要懂得礼貌"等语言压制了我们表达情绪的机会，时间久了，会混淆情绪和感觉之间的区别。面对演讲，明明应该说"我有些害怕"，但却说"我怎么心里突突的"，前者是情绪，后者是感受，这样对方就误以为你可能身体上有些不舒服，于是给你端来一杯水，让你舒服一下。事实上你更需要的是对方表达"相信自己，加油"之类的话语。所以不是对方不懂你，而是情绪表达出了问题。

情绪的分类是一件复杂的事情，德国有个叫约翰·凯尼格的人，曾经用七年时间总结了8000多种悲伤。在佩服之余，建议大家把焦点放在常见的几种负面情绪上。

关于愤怒。当人的强烈愿望受到强烈限制的时候，所引发的一种强烈的消极情绪体验，即为愤怒。人际关系中受到的侮辱、欺骗、挫折、干扰、被强迫去做自己不愿意做的事情，都会限制"强烈的愿望"，引发本能的愤怒反应，产生攻击行为。当经理让你做工作分内之外的事情，并许诺年底多发一个月工资作为奖励，本身就是一种强迫，当年底没有兑现的时候就会引发愤怒体验，即使不发作，也会在事件积压的时候爆发。情绪本身也会引发愤怒，比如婴儿在哭闹后依然没有得到父母的拥抱，就会愤怒，哭的声音更大。愤怒有时候会体现为拍桌子的攻击行为，有时候会体现为言语攻击。一旦愤怒爆发了，因为生理因素，比如心跳的突然加快、血压的突然升高、肾上腺素的大量释放等，很难停止下来，最终破坏良好的人际关系。

愤怒的原始意义是自我保护，比如原始时代对威胁的大喊大叫，但现在已经发展为自我反抗的一种意识了。

自己愤怒的表现：心跳加快、肌肉紧张、呼吸加快、浑身发热、喉咙似乎堵住了。伴侣之间，如果一方喋喋不休地指责，容易引发类似的体验，轻则互相谩骂，重则身体暴力，最终影响婚姻质量，同时带来很多悔恨。

对方愤怒的表现：眉头紧皱、目光凝视、鼻孔扩张、口部方形、异常大哭、声音如雷等。

注意：愤怒可转化为敌意，同样具有攻击行为。

关于恐惧。有研究说恐惧是一种最有害的情绪，因为会危及人的生命。有的人可能一辈子也没有见过眼镜蛇和毒蜘蛛，但是只要看到眼镜蛇和毒蜘蛛的图片就会引发恐惧；很多女孩子害怕恐怖片、鬼故事也是恐惧导致的。行为主义的代表人物华生做了一个恐惧实验：小艾尔伯特并不害怕白鼠，但当白鼠和敲锣形成条件反射的时候，小艾尔伯特对白鼠形成了恐惧，开始大哭，发抖和逃离。恐惧的情绪既来自物体本身，"一朝被蛇咬，十年怕井绳"，也来自对事物的评价。由此，大部分恐惧来自于学习。

对比愤怒，恐惧失去了控制感。你被人欺骗了，如果对方是你的下属，也许会引发愤怒；如果对方是你的上级，也许引发的就是恐惧。

对比悲伤，恐惧的情境是不确定的。你被人欺骗了，如果是你的主观判断，体验到的是愤怒或恐惧；如果是既成的事实，体验到的更多是悲伤。

恐惧往往发生在威胁或危险的情境中，引发出退缩或逃避的行为，这本身也是保护。但由于引发的事件往往是突发性的、剧烈性的、新异性的，所以引发的生理反应也是强烈的，比如心跳达到极限，因此恐惧会威胁人的生命。

自己处于恐惧的状态的表现：胃部不舒服，感到冷，流汗，呼吸急促，肌肉异常紧张，心跳异常加快等。

对方处于恐惧的状态的表现：额眉平直，眼睛张大，额头出现皱纹，眉头微皱，上眼睑上抬，下眼睑紧张（惊奇是眼睛圆睁，上下眼睑放松），口微张，双唇紧张，严重时双唇紧贴牙齿。

关于焦虑。美国精神病协会认为"焦虑是由于紧张的烦躁不安或身体症状所伴随的，对未来危险和不幸的忧虑预期"。焦虑和恐惧有一个共同点，面对威胁或危险都会有退缩行为。不同在于，恐惧是先有威胁或危险的经验（真实的或学习到的），之后才有的恐惧；焦虑是对事件预期出危险或威胁的信号，之后对事件的预期开始焦虑，刺激物的先后顺序不同。

公司即将调整架构，如果你知道了调整的方案，并且这个方案对你不利，虽然方案还没有实施，那么你会体验到恐惧的情绪；如果你只是知道调整，但公司还没有形成方案，你预期了一个对自己不利的方案，并担心成为事实，于是你体验到了焦虑的情绪。

虽然一定程度的预期利于我们做出决定，比如迷路了，焦虑可以保护我们的安全，提高注意力，但是一旦过分焦虑就会引发失眠、恐慌、多疑等，危害健康，难以和他人建立信任。

自我焦虑状态的表现：有强迫思维、思虑过度、忧思、不安，同时伴有出汗、面孔潮红、呼吸短促、心悸、肠胃不适、疼痛、肌肉紧张等症状。

他人焦虑状态的表现：对事件反应过度，思考得过于全面，经常创造未知事件，并对未知事件杞人忧天。

关于痛苦。痛苦是一种普遍的负性情绪，会伴随我们一生。生理、心理（认知）、社会等多方面刺激物持续存在，同时神经激活达到较高水平的结果，就是痛苦。比如一天没有进食了，长时间对人和事的误解、失望、失去、噪音、温度等持续不能改善的时候，就会引发痛苦的体验。

常见的痛苦诱因是分离和失败。心理的分离包括被抛弃、被拒绝，不被亲人、家庭、群体接纳；当自己个人的依恋、依赖心理得不到满足的时候也会引发心理的痛苦体验。职场上被大部分同事孤立，或者认为没有人懂你的时候都会引发这种心理痛苦。未能实现父母对自己的期待，成果未能得到社会、组织的承认，也会因为这种失败，或对失败的预期引发痛苦体验。没有考上大学，担心高考失利，一个月的辛苦创新的方案，被领导否定了，都不可避免地产生痛苦体验。失恋了，会体验到失败痛苦。伴侣不能经常关怀自己也会引发痛苦。

虽然痛苦是负面情绪体验，但是痛苦可以引起他人的同情和帮助，引发群体的联结，另外痛苦的情绪体验是可以忍受的。对痛苦的情绪体验，消极忍受难以改变处境，如果是积极忍受，还可以补救处境的不利。

自己现在很痛苦的表现：感到沮丧、孤立、无助和无望，想做的事不能做，目标难以实现，需要的依靠得不到，世界总是灰色的，心境失落而沉重等。

他人现在很痛苦的表现：在讨论某件事情的时候，对方眉心内皱，额头中下部呈现"川"字形，眼内角和上眼睑下拉，下眼睑上堆，嘴角下拉，下巴上推，下巴中心鼓起。

关于悲伤。有人认为悲伤是痛苦的延伸，当痛苦忍受不下去的时候，会以悲伤的形式表达出来。哭泣是悲伤的主要形式，释放一定程度的痛苦。失去亲人和资源是两种主要的悲伤情绪诱因。因为和原来的人或物产生了某种情感的联结，人或物没有了，但是情感依然存在，从拥有者变为失去者，形成现实和心理的落差，人们就会悲伤。

悲伤的人在生理上的反应除了喉咙堵、肌肉紧张、心跳加快、感到冷之外，最大的特点是流泪、哭泣。

悲伤的人如果不是以流泪的形式表现，可以从肌肉变化判断：眼轮匝肌、皱眉肌、鼻子的角锥体收缩，使眉毛内侧向上抬，并聚在一起，形成一个疙瘩，眼皮也会抬起形成一个三角。

关于厌恶。有人将其定义为因预期从口中摄入冒犯性的物体而感到的嫌恶。比如羹汤里面看到了不喜欢的东西——老鼠皮。厌恶是远离某件事的愿望引发的情绪体验。虽然多数的厌恶是由动物性引起的，但是厌恶可以延伸到抽象的层面，是对理想化的身体纯洁性受到威胁的体验。比如某人喝汤的时候嘴里发出的嗞嗞声。厌恶因人而异，比如有人对某些昆虫性食物敏感，有人不敏感。

下面介绍几种关于自我意识的情绪。

关于尴尬。当个体违反了社会习俗而引起了预期外的社会关注，从而激发个体做出那些可能会取悦他人的顺从行为时的情绪体验。违反社会习俗常见的四种情形：一家公司总经理在年会上睡着了，但被人提问，您是如何保持精力旺盛的，这是一种进退两难的尴尬；以为喜欢的对象同意和你单独约会就是答应了和你确立恋爱关系，在精心布置的烛光晚餐上，对方说，对普通的朋友都这么精心，太感谢了，这是社会性错误的尴尬；自助晚宴上，伴随着"下面邀请一位××嘉宾"的引导，当聚光灯转向你的时候，你发现是身后两米的一位先生西装革履地走向主席台，你经历着关注焦点的尴尬；四个人上台领奖，之后主持人的指令是"请获奖人留步"（事先安排好让一个人留步，但是忘记说那个人的名字了），其余三人也会留步，这时候主持人不好意思地让另外三人回去时，这三个人就经历了共情性尴尬。应该是这样，事实却不是，这种反差发生在你身上的时候，就会引发尴尬的情绪体验。

尴尬，是让人不愉悦的，因为你在意他人对你的注意，并希望对方能够理解。

尴尬的表现为：眼神逃避、掩饰脸部、脸红是明显的表现；生理上会有热、出汗、心跳加快的反应。

关于害羞。害羞是一种与内向性格关联的情绪体现，害羞不代表没有社交能力，而是对社交感受与人不同。对于陌生场合容易有威胁感，但与朋友、家人相处，恰好相反。常见的状态：开场几句热情的客套话之后，就不愿意再说什么了。

关于羞愧。羞愧是自我意识到自己的行为对他人带来了伤害，并在解释时强调这是自身的、稳定的表现。比如辩论赛的时候，发言时间统计错了，并认为自己总是容易犯这样的错误。

关于内疚。内疚是当个体失败或违反了道德规则，道歉时和如何避免再犯时引发的情绪体验。例如：拿着同事的劳动成果去邀功，并被同事和上级发现的时候；或者因为自己的业绩没有达成而导致团队失去了去新加坡度假的机会。注意，内疚的归属是针对某个具体的事情。

关于后悔。后悔是对过失请求原谅的情绪状态。"真后悔没让他升职"，如果请求原谅是后悔，反之不能成为后悔，顶多算内疚。

关于傲慢。傲慢是一种自我膨胀，当得到表扬、奖励时给予自我自信的放大。是一种附加的情绪体验。对个人而言是良性情绪，但对他人而言，傲慢无礼代表轻视他人，导致人际关系变差。

情绪的误解

情绪是人在刺激下产生的一种必然产物。我们对情绪打了大大的一个"×"，所以，当情绪来临时，我们很难做到不批判、不逃避、不挣扎，而是压抑、对抗和逃避。因为不管是意识还是潜意识我们都认为，情绪是不好的，尤其是我们认定的负面情绪。例如，生气是不好的，悲伤是不好的，羞愧是不好的，恐惧是不好的，愤怒是不好的……当自己和身边的人有情绪时，我们的心就会产生大大的压抑、对抗或逃避，我们只是希望自己和身边的人是快乐的、平静的、喜悦的、没有情绪起伏的。其实，那是我们对情绪的误解。

事实上，情绪在本质上没有好坏之分，它只是我们对环境变化的一种外在反应。也就是对压力的一种反应，经由身体表达出来。同时，情绪是我们身心的发动机，是我们处理事情的原动力，也是促使我们"成也萧何，败也萧何"的原因。从 A 到 B 只有一米的距离，如果是在平地上，你可以轻松迈过；如果是在百丈的高楼之间，你还会那么轻松吗？前者是自信带来的愉悦动力，后者是压力产生的恐惧担心。面对压力，情绪的体验夸大了压力的本身，世事本无碍，只是性情惘。

下面摘录了《重塑心灵》一书中总结的关于情绪的错误认识，希望引起你的注意。

情绪是与生俱来的——"我天生就是多愁善感的。"

情绪是无可奈何、无法控制的,既无从预防、来了又无法驱走——"不知何时才能没有这份惆怅!"

要求别人把情绪抛掉——"不要把情绪带回家!"

情绪的原因是外界的人、事、物——"一见他那个模样我就生气!"

情绪有好坏之分,愉快、满足、安静就是好的;愤怒、悲哀、焦虑就是修养不够——"不准在客人面前这个样子!真丢脸!"

不好的情绪,只有这两个处理方法:不是忍在心里,就是爆发出来——"我有什么办法?不忍,难道发火?"

情绪控制人生 ——"最近没有心情,什么都不想做。还是等心情好的时候再说吧!"

事情与情绪牢不可分——"每次他这样我都光火,这十年我过得真辛苦!"

开心与不开心是一种情绪——"最近我好开心!"

哭泣是一种负面情绪——"别哭了,那样不好!"

情绪是一种能量

情绪,是流动的,因为情绪也是一种能量,任何的阻碍都是一种伤害,忍耐、发泄、逃避,就是阻碍能量的流动。忍,是一种积压,是抑郁的前身,当悲伤留给自己的时候,也就剥夺了生命的能量;逃,是一种消极的处理方式,是焦虑的开始,当"孔乙己"的思维出现的时候,也就打破了身心的平衡;发,是一种被动的爆发,是愤怒的结果,其破坏力不亚于一匹脱缰的野马。无论压抑情绪,还是错误表达情绪,都会远离宇宙的磁场,失去自然规律的庇佑。

度假的时候，看到美丽的风景，快乐的情绪瞬时流变全身，你不会感到身体有一丝的不快。突然接到了一个电话，客户取消了计划，你是否立刻感受到一种焦虑的情绪，同时身体的某个部位出现了不舒服的感觉，胸闷、呼吸急促等？如果经理说事情已经帮你解决了，是否不舒服的症状立刻消失了？相反，如果经理怒气冲冲地让你取消休假，你是不是更加不舒服了？第一个如果，让之前堵塞的情绪流动了起来，而第二个如果，是让堵塞的情绪继续停留，形成能量的阻碍。同样，压力也会引发各种情绪体验，而缓解压力情绪的方法也是让其流动，我们称之为"宣泄"——调节情绪的核心方法。

二、别停，让情绪流淌起来

宣泄在出口环节尤为重要，那宣泄到底有多重要呢？

据说在古代，有一个部落的首领，特别喜欢射箭。但是部落里有一个规定，每个月的最后一天是不准出门的。但是这个首领实在忍不住了，在那一天手痒痒，特别想出门射箭。于是他决定偷偷溜去山谷，好好射几箭。反正大家都不出门，也没有人会知道他违反了规定。

就在首领射出第二箭的时候，天神的门童发现了，门童就生气地到天神那里告状，说某某部落的首领不守规定，居然在这个月最后一天出门了。

天神听了，就跟门童说，我会好好惩罚这个部落首领的。

第三支箭搭上弓，部落首领拉满弦，正中靶心。

首领今天莫名地兴奋，射到第七箭时，门童又跑去找天神："天神呀，你不是要惩罚首领吗？为何还不见有惩罚？"

天神说："我已经在惩罚他了。"

直到射完第五十支箭，每支箭都是正中靶心，无一例外。因为这次射箭射得太神乎其神了，于是部落首领决定再射五十支箭。

门童又去找天神了："到底惩罚在哪里？"

天神只是笑而不答。

首领射完这五十支箭后，成绩比任何一位射箭高手都厉害，这是从来没有过的成绩。

门童很生气地问天神："这就是你对首领的惩罚吗？"

天神说："正是，你想想，他有这么惊人的成绩，以及兴奋的心情，却不能跟任何人说，这不是最好的惩罚吗？"

快乐和痛苦都需要与人分享和分担。没有人分享和分担的人生，无论面对的是快乐还是痛苦，都是一种惩罚。分享也代表着在出口环节的表达。当我们有压力和心情不好时，经常会说这些词汇——想不通、郁闷、压抑、心结等，都是不通之意。所以如何释放这些压力情绪就显得很重要。

一个原则需要注意，那就是压力情绪不过夜，这一点女性做得比男性好。

"流水不腐，户枢不蠹"，生命不止，运动不息。压力作为生命中的一部分，会带来不同的情绪体验，如果某些情绪停留在身体的某个部分，就会像静止的水，停滞的户枢一样，滋生"腐败"，也就是某种疾病。

所谓"气"，也是一种能量，而能量是必须流动的。瀑布，就像李白笔下"飞流直下三千尺，疑似银河落九天"所描述的那样壮观。壮观在于高山的落差带来的势能，这个能量推动着河流汇入大海。如果这个能量不流动会怎么样呢？决口，就是用来形容这个能量的，所以，我们才可以"截断巫山云雨"，把势能变成电能，在千家万户的消耗中，让势能流动起来。

压力也是如此。在一念之间，你产生"愉快"或者"不愉快"的感觉，这就是能量。压抑的结果，就是阻碍能量的流动，高兴的事情不能分享，悲伤的事情没有表达，这些淤积之气，也会像地震和火山一样选择地球上一个薄弱的环节进攻并存储在那里。

"想不通""想通了"，"通"就是流动，就是情绪的流动。在通与不通之间，往往是一瞬间。面对人头攒动的车站，真的不想上班了，很闷。终于轮到你可以上车了，这是一辆空车，在如此拥堵的早上，你可以有个很好的座位，心情会骤然变了，你不会再去想"上不上班的事情"了。从"不通"到"通"就是这么一瞬间，思想也是如此，可以在一念之间获得从不通到通的道。

所以，"流水不腐，户枢不蠹"，也给我们提供了压力管理手段的启迪，给压力一个出口，表达或者宣泄出来。问题在于，为什么不会表达呢？有的人会像弗洛伊德描述的防御机制一样，否认自己的感觉。也许是原生态家庭的影响，表达自己的感受是不礼貌的，还可能会遭到大人的惩罚，"男儿有泪不轻弹"就是否认的开始；有人会因为左右脑功能失调，具备更多的理性，更少的感性，似乎说不出"子丑寅卯"就不是人生，封闭了自己的感性认识；有的人是用逃避的方法淡化压力感觉的存在，告诉自己"没事的""很快就会过去的"等；有的人是假乐观，心口不一；还有的人抗拒，与压力感受对抗，用自己的身体对抗产生的情绪，比如，皮笑肉不笑。

你有"CT 扫描仪"吗？

CT 可以有效扫描身体的器官，看到疾病是否存在。心灵也是可以扫描的，扫描仪就是我们的潜意识。扫描方法如下。

调整姿势。在一个安静的环境下，可以伴随着薰香或者舒缓的音乐，坐或者平躺，双眼微闭，双脚自然分开，双手放在两侧。

放松自己。放松三到四次，吸气的时候，腹部微鼓，注意力也在这里，呼气的时候，注意力放在双肩。

启动扫描。把一只手掌，放在感觉不舒服的地方，对它说：

"谢谢你，一直在关照我，保护我！我知道，你一直在给我提示，但是我却常常忽略你！非常抱歉，我想你会原谅我的。""今天，我们一起来沟通一下，可以吗？"

此时，一定要注意，如果你发现进入不了状态，或者，你之前的放松工作没有做好，或者潜意识还没有准备好，别着急，通过放松，再和潜意识沟通一次。直到，得到了肯定的答复。

这只是一种方法，你可以在实践中创造出很多和潜意识沟通的方法，但是要注意以下几个要领：姿势，放松，感谢潜意识，至于沟通的内容，由你来决定。

放飞情绪

调整姿势。在一个安静的环境下，可以伴随着薰香或者舒缓的音乐，坐或者平躺，双眼微闭，双脚自然分开，双手放在两侧。

放松自己。放松三到四次，吸气的时候，腹部微鼓，注意力也在这里，呼气的时候，注意力放在双肩。

想象在你的面前有一张纸，根据你的感受设定纸的大小、形状、颜色。纸的旁边有一组笔，材质、颜色等根据你的感受设定。如果把你的压力用一幅图片表现出来，会是什么？尝试在想象中把它画出来。看着它，感受自己的情绪体验，注意自己的呼吸变化，血压变化，身体肌肉的变化。把它推远一些，向左或是向右，向前或是向后，直到你有些舒服的时候为止。现在，可以改变画的颜色，你希望把它改成什么颜色？在右手边有一种液体喷剂，可以加重或减淡画的颜色，根据自己的感受，开始喷洒吧！

现在感觉是否舒服一些了？

如果是，请把这张纸揉成团，攥在手里，用最快的速度走到窗边，打开窗户，用最大的力气把它扔出去。看着它在风中消失得无影无踪！放松自己后，慢慢睁开眼睛，现在是否好一些了？

能量碰碰碰

如果你经常看斯诺克比赛，就会知道球和球之间的碰撞在于能量的传递，谁的能量大，谁的冲击力就大，这是撞球运动的技术方法之一。能量也是如此，大能量冲破小能量。

准备工作同上，不同的是保持站立的姿势。

想象宇宙中飞来一颗巨大的能量球（颜色和形态自己设定），散发出耀眼的光芒，正在向你奔来，随着能量球的接近，你感觉越来越热，身体开始流汗。当能量球从头顶上方进入身体的时候，你感觉到身体的每个部分都充满了这种颜色的能量，散发出同样耀眼的光芒。此时大口呼吸，你会感觉到越来越热，越来越热。请打开你的双手，你感觉到身体堵塞的情绪变成很多小球，从指间不断地往外飞。保持这种感觉，直到你认为已经没有小球在身体里为止。

调整状态，慢慢睁开眼睛，是否舒服了一些？

这是几种常见的情绪能量释放的方法，你可以在午休的时候，在办公楼的外面随时调节自己，省时省力。

以上这些内容是从情绪能量释放的角度让人宣泄压力情绪。情绪的处理是复杂多样的，仅仅一种方法是不够的，因此还要从理性的角度宣泄压力情绪。

三、给情绪插上理性的翅膀

大脑的结构是复杂的，如同扑朔迷离的宇宙。好在我们发现了杏仁核的秘密，它是我们的情绪中枢。感官系统，总是把内外环境中的刺激转化成信号，向我们的大脑传递。信号首先抵达的就是我们的杏仁核，之后抵达大脑的皮质。为什么先到杏仁核呢？这是进化的结果。脑干是生命中枢，记录了很多本能的生存机制，如呼吸、条件反射、本能反应、迁徙、捕杀等。随着进一步的进化，发展出了中脑，而杏仁核就在其中，里面有情绪系统，能够快速判断外界的安全与危险，喜欢与讨厌，比如人类的社交距离与这个就有关系；一见钟情也是如此，喜欢，还是不喜欢，我们可能第一时间就会知道，而此时的皮质脑还没有信息的输入；抑或之前我们讨论的"战或逃"反应，也是这种情绪的先前体验。

人类作为高级物种，主要在于大脑皮质的高度发达，而它却是后知后觉。信息在传递中，先抵达杏仁核，再抵达大脑皮质，杏仁核加工后的信息，也会传递给大脑。比如，我看见了一个影子，我很害怕，这是杏仁核的反应，之后信息传递到了大脑皮质。经过分析知道，是一个塑料袋的影子，顿时紧张的心松弛了下来，这是大脑皮质信息加工的结果。有研究显示，信息抵达杏仁核和皮质的时间，相差了 6 秒，所以，我们要先处理心情，再处理事情，否则就会受情绪控制做出冲动的事。

内外刺激，给我们带来压力感受，而压力感又给我们很多情绪体验，一味地处理刺激，压力感受不会消失，情绪依然存在，所以，行为虽然需要矫正，但是情绪是源头。

换个角度看情绪 ABC 理论

美国心理学家阿尔伯特·埃利斯在《理性情绪》中描述了理性情绪疗法中著名的 ABC 理论。

A 是阻碍目标 G 实现的诱发事件（尤其是失败和拒绝）。

C 是 G 和 A 之间的结果（尤其是焦虑和抑郁的感觉以及自我挫败的行为，比如回避或成瘾行为），A 虽然可能促使情绪的出现，但并没有直接导致情绪失常的结果 C。

B 直接导致情绪失常的结果 C，B 包含"信念—情感—行为"三个过程，主要指信念，分为合理和不合理的信念。

rB 代表合理的信念；iB 代笔不合理的信念。

D 代表驳斥，驳斥 iB，也就是不合理的信念。

E 代表有效的新的哲学观点（代替 iB），目的在于引发新的 C。过程如图 4-1 所示。

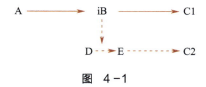

图 4-1

ABC 理论的焦点在 B 的改变，因此也是"理性"的核心。抛开行为治疗的目的，如果 G 消失了，比如年底不考核业绩了，ABC 都不存在了，C 自然就改变了；如果 A 可以改变，比如通过干扰组织撤销某个项目，C 也可改变；如果可以自我化解 A，比如处变不惊，岿然不动，C 也可以改变；如果 B 已经引发了 C，通过 C 的调节，反向影响 B，也可以促进 G 的实现，比如情绪得到释放后，舒畅了，A 不再被认为是障碍，B 也变得合理了。

下面内容，我们聚焦在 C 的改变上。因为压力的存在，或多或少产生不同强度的情绪体验。当这些体验已经存在的时候，会影响大脑认知模式的改变。前面列举了情绪的常见种类，目的在于当情绪来临的时候，我们能够正确表达它，这样才能起到宣泄的作用，如同到饭店找朋友，当你说不出朋友名字的时候，别人是帮不到你的。请对比以下两种方式，哪一种会更引起对方的注意：

A. 这么多工作一下子推给我，我很不开心！

B. 这么多工作一下子推给我，我感到很焦虑！

答案是 B。所以，正确地表达情绪是理性宣泄的一种方式。

表达情绪

表达情绪，是管理压力出口的一种方法，这里分为三种常见表达方式。

（1）恭顺表达：恭顺者不表露自己真实的一面。结果是恭顺者的需求得不到认真对待。恭顺者物极必反。职场上，我们经常用这样的方式对抗压力。比如老板说："最近压力大不大？"很多人都会说："工作虽累，但有收获。"看起来情商很高，实际上，是压抑自己不满的情绪。而老板在得到这些信息之后，会觉得工作任务多是好事，大家都很开心。

（2）敌对表达：敌对者牺牲别人的利益。敌对者往往要压倒别人。敌对的背后是不自信和黔驴技穷。会议室里，经常发生这样的事情，大家来自不同部门，带着不同的利益和立场而来，会议上争得面红耳赤，大有狭路相逢勇者胜的"大无畏精神"。

（3）情义表达：就是把自己看到的和自己的感受客观地表达出来。情义表达肯定了个人的价值和尊严，同时也肯定和维护了别人的价值。情义表达就像镜子原理，既站在自己的角度，也站在别人的角度看待感受和事情。情义表达法包括述情和共情两种方式。

情义表达，是只说个人感受，去除批判和主观。而恭顺表达，敌意表达，都达不到情义表达的效果。面对回家很晚的老公，说"我觉得一个人在家好孤单"比"你不能早一点回家吗"更能打动人。在夫妻间或他人吵架时我们经常犯的错误是指责对方，一开始就给对方判了刑，以至让对方无法接招，只能是反驳。如果只说个人感受，对方便很可能会道歉。高情商的人，具有良好的传递情绪的能力，即具有感召力，将情绪传递给对方。因此，当面对难于沟通的事情的时候，先不要指责对方，只说自己的感受和客观情况。

这里提示一下语言表达和表情表达的不同。某公司企划部经理秘书小张这两天忐忑不安。前天上午，她拿着一份文件去请经理批阅。打开文件夹时，她不小心碰翻了经理的茶杯，茶水弄湿了经理的裤子和地板。她一下子愣住了，不知所措地等着新来的经理大发雷霆。可经理并未言语，只是狠狠地瞥了她一眼，并示意她出去。就在两个月前，小张曾因打翻了原来一位经理的笔筒而遭到训斥。当时，小张一声不响，低着头待经理训斥完毕，但是她走出办公室后却一身轻松。而这次，新任经理狠狠地瞥了她一眼，她走出经理办公室后，一会儿担心被扣发奖金，一会儿又担心被调离岗位。小张没有受到训斥反而更紧张，是因为上任经理采用的有声语言表明了其具体心态，而新来的经理采用"一瞥"的肢体语音，其传递的信息是模糊的。小张在不了解新经理的态度时便会揣测，于是产生忐忑不安的心理。

述情和共情

1. 述情：客观描述＋描述感受

述情原本不是我们所擅长的，很多人都不会，因此，就在生活中制造出来很多问题，比如冷战、误会、反目成仇。要知道在各种关系中，述情都是很管用的，并且效果非常好。在我们的压力管理中，述情就是压力宣泄的过程。

在描写压力时，有人写的是事，有人写的是情。

如果对述情没有一定的了解，很多人可能会这样说："领导，都是一样的工作年限，送别人出国进修充电，而我却一直没有这样的机会，我感觉这太不公平了！"要知道，这句话领导是很好答复的："什么公平不公平？领导班子研究后就是这样决定的！"如果用标准的述情句型，可以这样说："领导，都是一样的工作年限，送别人出国进修充电，而我却一直没有这样的机会，我感觉很委屈！"对比一下前后的句型，看看有什么不同？对了，区别就是"不公平"和"很委屈"。说"不公平"是在指责领导；说"很委屈"是表达自己的感受，并没有指责领导。这就是指责和述情最重要的区别。单位领导，虽说是同事关系，但一起工作多年也是有感情的，当你跟领导说"不公平"时，就没有讲感情，是在讲理，那领导也会跟你讲理："每个人的职业发展潜力不一样。"但跟领导说"很委屈"，是在讲情，很多时候，会做领导的人还是很讲情的。述情就是这样，在爱人、亲人、朋友、同事关系中都是可以用的，并且都能起到很好的效果。讲到这里，你可能会发现，述情是和第一章里讲的"有爱的能力的人不讲'理'讲'情'"是一致的，是的，"述情"是讲"情"的具体操作和体现。

如果以射箭来比喻，客观描述就像目标箭靶，而感受就是射出的箭，目标精微，射击精准，压力的宣泄才足够彻底。也如同看病一样，只简单的一句身体不舒服，胡乱吃两片药，一定解决不了实际问题。

在描写压力时，有的写得笼统，有的写得详细。

述情作为一种沟通上的能力，其最大的特点是经常要说出自己的感受。所以，在述情时，你必须能觉察到自己的感受并准确地说出。如果你没有感觉到自己内在的感受，可能就想不起来述情。如果感觉到了内在的感受，但说的时候说得不准确，并没有把内在的真实感受表达出来，述情的效果往往也不好。比如有的人描述自己内在感受时只会用"不舒服"一词，生气了说"不舒服"，委屈了也说"不舒服"，伤心了还说"不舒服"。那么，关于述情能力的培养，我们需要哪些词汇的积累呢？下面我们从正面情绪和负面情绪这两个方面来学习。

正面情绪：高兴、自豪、开心、自信、感激、快乐、愉悦、温暖、喜悦、愉快、幸福、满足、欣慰、惬意、爱、喜欢、感动、兴奋、充实、平静、放松、踏实、祥和。

负面情绪：伤心、尴尬、担心、焦虑、害怕、紧张、沮丧、迷茫、惊恐、内疚、失落、无助、无奈、失望、绝望、伤感、凄凉、苦闷、疲惫、悲伤、愤怒、生气、恨、厌恶、厌烦、惊讶、困惑、孤独、寂寞、郁闷、羞愧、遗憾、嫉妒、后悔。

现在请根据"述情"的格式，写出一句理性宣泄情绪的话语，之后念出来，看看自己获得了什么新的体验。

2. 共情：接受情绪＋分享情绪

在练习情绪宣泄的环节中，经常会有人因为内心压抑太多的负面情绪，在课堂上放声痛哭。这对于他们来说是一个很重要的环节，释放出这些情绪可以让他们彻底从过去走出来，疗愈内心的创伤。

但常常会有一些这样的人，在其他同学还非常痛苦地哭泣的时候，他们在旁边谈笑风生，讲些与这个同学毫无关系的事情，或者在那里玩手机，完全将自己置身于事外。仿佛那些在他们对面痛苦哭泣的人不存在一样，他们一点也感觉不到那些人的痛苦，或者对他人的痛苦，他们一点也没有理解的感觉。这些人感受不到别人的感受，不能理解别人的内心，是极度缺乏共情能力的人。在压力管理中，他们很难觉察自身的情绪，以及敏锐地察觉他人的情绪。跟他人相处的过程中，他们甚至也不能很好地理解他人的内心世界。当然，生活中有些人不只是极度缺乏共情能力，甚至已经达到了情感冷漠的程度了。面对此种情况，情感就被彻底地压抑。这是共情的障碍。

共情是人本主义创始人罗杰斯提出的，是指体验别人内心世界的能力，也指同理心。曾经有研究者提出"镜像神经元"对共情的意义：外界刺激，尤其是对方的情绪体验，会被镜像神经元复制，并产生类似的体验，这是共情的生理基础。虽然对于"镜像神经元"的研究还处于发展的阶段，至少提示我们注视对方、聆听对方、感受对方是共情的基础条件。

共情是一种能力，也是一种态度，很难标准化。只要你能去理解别人，对别人的感受感同身受，并照顾到对方的心情，让对方知道你很理解他的感受，就是共情。做好共情主要分两步。

（1）接受情绪：当一个人有了情绪后，去觉察这个人的情绪并接受。

简单说，就是当你注意到你身边的人心情不好时，你就开始去关注他的心情。并且关注的时候是以一种接纳的态度来进行的，就是你允许他心情不好。那些只关注"事"的人，有时候是不接纳人有负面情绪的。所以，当有人有负面情绪时，这些人会躲避，或者去指责有负面情绪的人，要求他们把负面情绪压抑起来。

比如，当听到有人唉声叹气时，有的人会说："这点小事，叹什么气啊！"在对方听来，这就是不接纳，也就会感觉到不被理解，这也就是没有共情。

要知道，每个起情绪的人，都有他起情绪的逻辑和理由，接纳这个人的情绪在这个人看来就是接纳他本人。不接纳他的情绪，就是对他本人的不接纳。共情的做法是开始关注，并接纳这种情绪："我听到你刚才叹气，心情不好吗？"这等于允许这个人叹气，并开始关注他。马上对方就感觉到了被关注，这就是共情的第一步。

（2）分享情绪：在第一步接受并关注了对方的情绪后，紧接着就是要引导对方分享他内在的感受和外在发生的事情。去引导他分享出来，不断地问他："发生什么事情了？""为什么不开心啊？"就是希望知道发生什么事情了，好在下一步支持到他。

这一步需要注意，聆听的时候，一定要把事情从头到尾完全听完，认认真真地听，中间尽量不要打断对方，让对方感觉到完全被关注和接纳。

能做到这一点，本身就会对对方有更多了解，而理解正是来自了解。

心里理解了，自然也就容易接纳，所以，愿意聆听别人的人，更容易理解和接纳别人。

还有就是如果对方实在不愿意现在说，不要勉强。很多时候，对方心中的情绪稍微平复一下后，就会更愿意说了。特别是男人，这个时候给对方多一点空间，等待对方想述说的时候再继续聆听。

作为管理压力出口的自助缓解，本节通过情绪本质、作用、种类的介绍指出情绪是我们不可分割的一部分，然而我们在成长的过程中因为文化、教育等的影响，压制了自己的情绪，同时也产生了一些对情绪的错误认知，当混淆了情绪和感受的时候，难免错误表达自己的情绪。情绪是一种动力，不恰当的表达容易引发不当的行为。情绪是一种流动的能量，本书提供了一些让压力情绪流淌起来的方法，可以尝试应用，缓解压力情绪的困扰，更重要的是改善身体的健康状态。我们在生活中，面对自身的压力与烦恼，学会述情是重要的情绪宣泄方法，面对他人的压力与烦恼，掌握共情是应对情绪的有效策略。当我们运用上述的方法与策略去客观、真实、有效地解决情绪带给我们的问题时，那么就是给情绪插上感性和理性的翅膀，而我们也成了有效的宣泄者。

第二节 支持系统（管理压力出口：他助）

对压力的认知是因人而异的，压力下的情绪体验也是具有个体差异的。当情绪来临的时候，有的压力情绪体验可以通过自助的方式宣泄掉，但似乎有的情绪体验依然成为困扰，这就提示我们需要借助外力进行压力情绪的宣泄。

在第三章谈及了他助的主要管理形式——人脉，能够在我们需要的时候提供支持。本节延伸这个话题，并用支持系统的形式帮助我们管理好压力的出口。

一、什么是社会支持系统？

阿基米德曾经说过："给我一个支点，我就能撬起地球。"这里省略了一个主语，就是能够提供支点的这个人。支点，就是一个控制力，它成为受害者或者自主者的选择。事实上，我们都知道应该成为自主者，但是，有的时候，我们的能力总是有限的，这时就需要借助外力，这个外力，就是能给你支点的那个人。

作为一个社会化的人，社会支持的需求是必不可少的，马斯洛需求理论的归属和爱的需要就是其中之一。从演化学的角度看，正是这种群体之间的相互支持才使得人类可以战胜恶劣的环境得以生存。事实上，万事万物都是在支持与被支持中存在的，柳树依靠风的力量传播种子，花朵依靠蜜蜂传播花粉，鳄鱼依靠牙签鸟清理口腔。全球化的今天，互相支持的理念显得更加重要。史蒂芬·柯维在《高效能人士的七个习惯》里把人的成长分成三个阶段：依赖期、独立期、互赖期。越是走向成熟，越是理解互相支持的价值。

在家里，我们经常寻求父母的帮助；在学校里，我们经常寻求老师或者年长同学的帮助；在职场上，我们经常寻求领导或者靠得住的同事、朋友的帮助等。当然，不可否认，有的人不会寻求帮助，但是时间长了，就会引发相应的问题。

一位来找我咨询的女性，诉说和老公三天一大吵，两天一小吵，矛盾重重，满肚子的牢骚和委屈，在我的咨询室里一开口都停不下来，我都插不上嘴，不顾我的任何反应。最后等她情绪稳定下来了，我问了她一句话："当你心情不好时都和谁倾诉呢？"她说她没有朋友。夫妻有些矛盾冲突本不鲜见，可是她没有朋友可倾诉却是重点。在我和她咨询沟通中，我发现这位女士经常自话自说，沉浸在自己的世界里，她出不来，我也进不去。所以最后我的分析诊断是：她不仅是夫妻间出了问题，更是沟通出了障碍，这种障碍造成了夫妻矛盾，更可怕的是一位不会沟通的人连个朋友都没有，在自己遇到压力烦恼的时候都没办法找个人倾诉，可以说她的支持系统几乎为零。

如果你想在伤痕累累的时候，有一处疗伤的山谷，就要建立自己的支持系统。支持系统是我们的隐私、情感楼阁最隐蔽和强有力的支撑结构。艰难和喜悦，都需要有人来分享，这是一种心理诉求。他人的温暖和帮助，是心理健康维护所需的维生素。

所谓个人的"社会支持系统"，指的是个人在自己的社会关系网络中所能获得的、来自他人的物质或精神上的帮助和支援。如果你想有一方避风港湾，就要建立自己的支持系统。

还记得给你支点这个人吗？

练习：请在数字后面写出人的名字。

当你遇到困难时，你会向什么人寻求帮助？

（1）

（2）

（3）

（4）

（5）

当你有高兴的事情时，你会和谁分享？

（1）

（2）

（3）

（4）

（5）

一个完备的支持系统包括亲人、朋友、同学、同事、邻里、老师、上下级、合作伙伴等。当然，还应当包括由陌生人组成的各种社会服务机构。每一种系统都承担着不同功能：亲人给我们物质和精神上的帮助，朋友较多承担着情感支持，而同事及合作伙伴则与我们进行业务交流。

每个人都有局限性，没有一个人能独自解决所有的麻烦，没有谁是永远的"孤胆英雄"。我们会发现，生活中那些渴望持续发展的成功者，多半都在一直致力于广泛铺设"双赢"的社会网络。当然，我们是指积极意义的人际关系，彼此信任支持，有助于双方成长，而不是庸俗的关系网。

对于陷入困境的人而言，社会支持犹如雪中送炭，带给我们持久的温暖、安全以及重振生活的信心、勇气和力量。社会支持系统的存在，提升了我们的幸福感和成就感，使我们的人生变得完满。

表面上看，每个人的社会关系网相差无几，无非是父母手足、同学同乡，但深入观察，每个人从中获得的支持却有很大的差异：有人在个人支持系统中与他人共享生活，充满幸福感，遇到困难时总能获得及时而又有力的帮助；而有些人则不然，他们虽然和别人一样也拥有客观存在的关系网络，却与其中的人相处得很糟糕，在陷入困境的同时，也迅速陷入孤立无援的状态。

为什么拥有同样的社会关系网，可人们所得到的支持却有这么大的差异？

这是因为，尽管社会支持系统是在现有的社会关系网络中产生的，但是有社会关系网并不一定就有社会支持系统，除"朋友"之外，我们每个人的社会关系网基本上是与生俱来的客观存在，社会支持系统则不然，是需要人去努力建立并维护的。否则，即使在"亲人"这种天生最为密切的血缘关系中，也有可能得不到支持，更有甚者，还有可能受到致命伤害。

这些话绝不是危言耸听。如果深入观察你会发现，有些人遇到难处，即便麻烦朋友，也不向家人求助。因为，他从家人那里获得的多半是责备，甚至是奚落。而有的人，宁愿自己吞咽生活的苦果，也不愿向朋友倾诉。因为平时过度的防范和封闭，使他失去了有力的社会支持。

关于后一点，实际上属于"过度防御"。也许现代社会的人际交往和以前不同了。现代人际关系相对松散，大家更乐于坚守独立空间，彼此更加尊重。然而，在我们还没学会建立新型人际关系之前，也在收获副产品：人际交往越来越表面化，我们注重礼仪，更加客气，而在别人遇到困难时无法提供切实有效的帮助。

也许有人觉得，花费时间和精力去建立人际关系网络意义不大。然而，这种想法恰恰忽略了心灵的终极追求。不管一个人怎样看待人生目标，怎样看待成就，他最终需要的，还是获得精神上的满足和自我价值的认可。你发现了吗？有时候，一项项接踵而至的成功可能在某种程度上补偿了我们的需要，但更高的目标、更强的竞争对手仍令我们望而生畏。因此就会出现这样的情形，有的人看起来十分出色、非常成功，但他内心深处仍然充满了愤懑、不平，对自己缺乏信心。

与其用不断取得的成就来取代不安全感，不如先学习从良好的人际关系中获得温暖、爱、归属与安全感，因为这是我们内心深处最需要的慰藉。不管你遇到什么困难，你都将获得最有力的支持，还有什么比这种感觉更能充实我们的人生？

社会支持系统就是与我们分担困难、分享快乐的人组成的整体。社会支持系统是人类生活的主要核心内容，是人类生活的"必需"，人人需要，处处存在。

社会支持系统的主要功能如下：

(1) 满足人的社会性需求。

(2）促进自我了解。

(3）促进个人成长。

拥有良好的社会支持系统，不但是快乐生活的源泉，更是取得成功的关键。

毕淑敏在《心灵游戏》里面描述了什么是最好的支持系统：

最好的支持系统，是你们也许天各一方久不相见，一旦重逢，马上拾起上次分别时中断的话题。

最好的支持系统，是在你万般愁苦的时候，陪你叹息，为你殚精竭虑思索出路的人。

最好的支持系统，是在你忘乎所以的时候，迎头泼下一盆凉水，使你猛一激灵就想起自己的本分的人。

最好的支持系统，是你在矛盾中，不指责不批评，只是陪同你一同走过沼泽的人。

最好的支持系统，是在你高兴的时候比你还要高兴，却不会吹捧你的人。

最好的支持系统，是在你痛苦的时候比你还痛苦，却不会让你看到他眼泪的人。

小测试：你拥有多少社会支持系统。

在你的上司当中，你最喜欢谁？

为完成一个重要的使命，你派谁？

为商讨新的观念，你找谁？

郊游消遣时，你找谁做伴？

面临严重问题时，你会找谁帮忙？

经济拮据时，你向谁开口？

被困孤岛时，你渴望谁在身边？

奉命出国时，你把家务托给谁？

倒在病床上时，你喜欢谁来照顾？

当你与男朋友或女朋友分手时，或者你的婚姻出现问题时，你会向谁倾诉？

若你与家人吵架，你会找谁倾诉？

当你获得别人称赞或者嘉许时，你会与谁分享？

若你的业绩不理想，你会向谁说？

当你在工作上有问题时，你会向谁请教？

若你在事业上要作决定时，你会向谁询问意见？

分析：在上面15个问题中，你列出了多少个人？这些具体的人构成了你的支持系统。除了家人和恋人之外，还有几个人？

少于3人，你的支持系统很不完善。

3~5人，你的支持系统不太完善。

5~8人，你的支持系统比较完善。

8人以上，你的支持系统非常完善。

二、支持系统里人的特征

俗话说：一个好汉三个帮，一根篱笆三个桩；独木不成林，百川聚江海。回想一下，当你有了苦楚，不解的难题时，一般你会去找谁？为什么是他？在你看来，这个人具备什么特点？

事实上，在你选择的时候，你会自然而然地用三个维度寻找这个人：信任、意愿、能力。

1. 信任

对于信任的定义，很难用一句话说清楚，因为涉及的内容很多，不确定的因素就更多，比如个人的价值观、态度、情绪、性格等。A 相信 B 是一个善良的人，如果有一天 B 撒了一个谎，A 和 B 之间的信任关系还会存在吗？美国心理学家莫顿·多伊奇通过著名的囚徒困境实验开创了心理学人际信任研究的先河。他的研究发现，信任其实是人对情境的一种反应，它是由情境刺激决定的个体心理和个人行为，信任双方的信任程度会随着情境的改变而改变。

从囚徒困境的角度看，自私性，是人类的本质，这又涉及了哲学的范畴，人性本善，还是人性本恶的问题。由此，信任是个历史难题，因为每个人对信任的理解不同。就好比是压力的大小，这个定义具有一定的主观性。有一点可以肯定，是否信任这个人，你会根据自己的经验和感觉去判断。换句话说，他是否会出卖你，是否会把你的隐私告诉别人，这是我们的基本判断，这是你是否会找他倾诉求助的动力之一。

侯玉波教授在其主编的《社会心理学》中提到："人际信任是确保对方会履行自己对其的期望，也就是说对方知道自己的义务，并尽量满足他人的需求。这是从社会支持"互赖"的角度维护彼此的信任关系。"在论文《人际信任的心理学解读》里作者从反面的角度描述了信任的关系：信任是在人际交流中，主体人对客体人言行表里及跨时空一致性的正面期望，它基于人的行为跨表里和跨时空的相对一致性，根源于人的行为跨表里和跨时空的绝对不一致性。

简单来说，我们对交往对象是否放心，是信任的本质。这里包含了时间和空间,以及依赖的程度。有的心理学家认为,与其研究"信任",不如研究"为什么不信任"——也就是为什么"不一致"。

判断一个人是否值得信任

哈佛商学院的大卫·梅斯特教授在其著作《值得信赖的顾问:成为客户心中无可替代的人》中提出了培养信任的公式,从中我们既可以学会如何获得他人信任,也可以判断对方是否值得我们信任。

$$T = \frac{C + R + I}{S}$$

公式中,T 表示 Trustworthy(信任度);C 表示 Credibility(可信度);R 表示 Reliability(可靠度);I 表示 Intimacy(亲密感);S 表示 Self-Orientation(自我导向)。

可信度。主要指"语言"方面,让对方相信,并能获得一个好名声。比如:我的思路和表达是有逻辑和清晰的吗?我能够用让人产生共鸣的方式沟通吗?我对正在探讨的事情全面了解吗?我在表达时说出了全部的事实,而不是仅仅是根据需要有所选择吗?我拥有相关的知识技能经验以及相应资源吗?

可信度加分项举例(+)

(1)在紧急时刻表现冷静、沉着。
(2)能够看到复杂问题或情境的本质。
(3)有条不紊地开展工作。
(4)能给出建设性的反馈或意见。
(5)善于内部协调及向上沟通。

可信度减分项举例(-)

(1)判断力或决断力不够。
(2)不懂装懂。

（3）轻易被他人影响。

（4）专业知识和专业能力不足。

可靠度。主要指"行为"方面，让对方相信你能做到。比如：别人与我在一起感到熟悉和舒服吗？我会信守承诺吗？我是一致并可预测的吗？在合作中，我会让他人看到清晰的里程碑和产出吗？我能够持续稳定地达成预期结果吗？

可靠度加分项举例（+）

（1）说到做到。

（2）守时。

（3）不过度承诺。

（4）以身作则、言行一致。

（5）承认错误。

可靠度减分项举例（-）

（1）忘记自己的承诺或曾经做过的事。

（2）不落实在行动上。

（3）言行不一致。

亲密感。主要指"情绪"方面，让对方愿意和你建立情感联系。比如：我擅长考虑周全，机敏处理敏感问题吗？我会承认自己的短处，甚至犯过的错误吗？我能共情他人并因此做出适当的回应，建立一种自在交流的氛围吗？在必要时，我可以与他人分享相关的个人信息吗？我能让他人安全地和我交流，没有惧怕、没有压力，坦诚地说出自己的经历、担心和情绪吗？

亲密感加分项举例（+）

（1）彼此接触的频率高。

（2）有共同的兴趣、爱好或价值观。

（3）会主动关注对方。

（4）互相分享信息。

（5）乐于互相帮助。

亲密感减分项举例（-）

（1）无工作任务外的接触。

（2）不了解对方的信息。

（3）没有过深度的交流。

自我导向。主要指"动机"方面，对方相信你，但你不可以心怀不轨。比如：我会通过帮助别人达成目标而实现自己的目标吗？与人相处时，我是否执着于某个自己想要的结果？我会关注他人的需要，真的在乎他们的感受和目的吗？我会关注与他人的长远关系而不是一两次交易吗？出现问题时，我是否用责备和恐惧的方式与他人互动？（注意：有人翻译为自我利益导向，也就是说作为分母的 S，具有一定的自私性，加分项和减分项的内容与上面的内容是反向记分。）

自我导向加分项举例（+）

（1）非常谨慎，不承担风险。

（2）遇事找借口。

（3）功劳是自己的，问题是他人的。

（4）不真正关注对方得失。

自我导向减分项举例（-）

（1）关键时刻有担当。

（2）做事有透明度。

（3）愿意体察对方的感受。

（4）考虑对方的利益，哪怕自己会有所失去。

根据以上内容，可以初步量化彼此的信任关系。需要注意的是，所有的评价都来自于自我评价，因此具有主观性。有时候信任关系的评价结果是不对等的，会形成四种模式：

AB 互相信任；
A 信任 B，但 B 不信任 A；
A 不信任 B，但 B 信任 A；
AB 互相不信任。

信任公式是从行为的角度出发诠释了一个人是否值得信任。有时候我们会发现，当一个人虽然没有能力，但是被评价为"好人"的时候，我们也会信任他；或者没有"好人"的评价，但是能力很强，也会获得信任。对此史蒂芬·柯维在《信任的速度》中提出，信任 = 品德 × 才能。品德包括诚实和动机，才能包括能力和成果。

我们需要和支持系统里的人彼此信任，信任公式提示我们，既不要盲目地信任他人，也不要谁都不信任，只信任自己，而是要明智地选择可信任的人。

作为支持系统的人选，能力和意愿是支持得以实现的保证。一个人有能力，但是不愿意帮助你，或者一个人有热情，但是能力不够，都不能有效地支持你。比如当你遇到压力情绪时放声大哭，如果对方一直劝你不要哭了，显然他没有处理"哭泣"反应的能力；倘若是一个心理咨询师对你的"哭泣"视而不见，显然他不是你的支持系统。

2. 意愿

这里是指对你的需要有强烈支持的热情、信心、动机。当你向支持系统里的人请求支持的时候，比如，如何做好一套项目计划书，如果对方没有兴趣，也许会礼貌地建议你参加一个培训课程，或者推荐你请教某人，所以热情很关键；如果这个项目很复杂，对方发现自己不一定能给你说清楚，进而表现出难为情；如果对方发现这个项目可以从中捞到好处，就是动机不纯，即使给了你支持，你也要付出代价。这也是为什么先要筛选信任的人放入支持系统里的原因。

每个人都会对"支持"有自己的理解，支撑理解的是价值观。所以我们不能用自己的价值观判断对方的意愿。A 经理喜欢告诉新员工工作上的注意事项，以让其快速适应环境；但 B 经理认为应给新员工创造摸索的机会，那样会适应得更好。A、B 经理都是有意愿的，但表现出的行为不同。

"支持"是有时效性的，不能因为对方暂时没有时间而误认为对方没有意愿。每个人都有自己的人生轨迹，不能把对方的"支持"演变为"依赖"。

尊重那些没能给予"支持"的人。每个人都有自己的事情需要处理。意愿是一种主动的过程，不能通过"强迫"获取支持。

3. 能力

这里主要指知识、技能、资源所形成的综合解决问题的能力。需要支持的原因是个体存在某些问题，解决问题自然需要一定的知识、技能、资源。

职场上的问题一般分为情绪、认知、操作、资源、社交、理想这几个层面，不同问题应该寻找不同能力的人给予支持。这也提示我们广交人脉大有裨益。公司中有很多部门，工作中总会有交集，如果能在交集中留心每一个人，你的支持系统一定很大。A 换岗一周后，对新部门的人际关系清清楚楚，日后他做任何事都会减少阻力。

清楚自身问题，明确问题所需的知识、技能、资源，并以此寻找对应能力的人。

上面介绍了支持系统里人的三个维度：信任、意愿、能力。这几个维度缺一不可。如何在自己散落的支持系统里选择合适的人选？我们可以借助表格的方式（见表 4-1），帮助你梳理。

表 4-1

序号	你认为能帮助你的人	信任（1-9）	意愿（1-9）	能力（1-9）
1	王某	6	5	8
2	李某	8	6	4
3	刘某	7	8	9
4	欧阳	2	7	3
5	诸葛	4	4	4

（1）请先想好一件你需要"社会支持"的事情，项目梳理、情感宣泄、夫妻关系、压力管理、职业发展等。

（2）此时此刻，谁最能帮助你？请把名单写在"你认为能帮助你的人"这一栏里。尽最大努力回忆，并记录，至少5个人。建议把家人、爱人放在最后写，因为这是你最容易想到的。

（3）对每一个人，用三个维度评价，可以凭自己的感觉判断。1为最低分，9为最高分。举例：对王某不是很信任，6分；他的意愿总是飘忽不定，5分；但很有能力，8分。

（4）借助办公软件Excel、Numbers等制作气泡图。横坐标为能力，纵坐标为意愿，气泡的大小为信任。

（5）现在可以一目了然地知道，面对这件事，你应该寻找谁作为主要支持者，谁作为备选（如图4-2所示）。

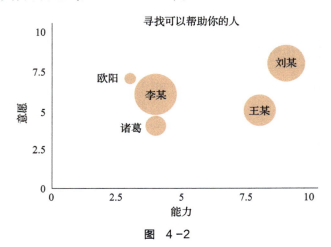

图 4-2

诊断自己的支持系统

你也可以通过列举出所有的人脉,在不区分具体事件的前提下,做个模糊的评估,并形成人脉关系气泡全图。以此协助你诊断自己的支持系统(如图4-3所示)。

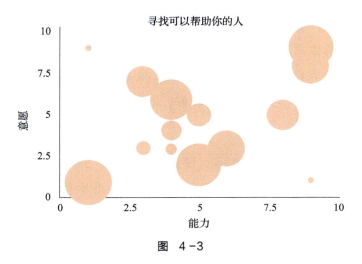

图 4-3

尝试进行以下分析:

(1) 是男的多,还是女的多?

(2) 是年长的多,还是年少的多?

(3) 是同事多,还是朋友多?

(4) 是领导多,还是平级多?

(5) 是家人多,还是其他人多?

(6) 大气泡很多,也就是信任的人多,但是能力和意愿是否不够?

(7) 右侧很多,也就是能力强的人多,但是信任度和意愿是否不够?

(8) 上部很多,也就是意愿高的人多,但是信任度和能力是否不够?

(9) 右上角的气泡偏多,还是偏少,系统里有能力和意愿的人多还是少?

(10) 右上角的气泡偏大,还是偏小,系统里可信任的人是多还是少?

分析后,对你有什么启发,对于支持系统的建立有什么新的想法?

获取对方的支持

确定人选后,我们还需要通过适当的自我暴露和精准表达需要,获取对方的支持。

自我暴露,是向他人透露信息的过程。社会渗透理论揭示了双方话题从非个人化逐渐向私人化过渡,话题范围从窄到宽,正是这种逐渐的暴露,让彼此的关系在缓慢中升温并稳固。这是关系建立的途径。出差中,同一个房间里的同事关系相对比较好,因为有私密空间进行更多的自我暴露。

当需要对方提供支持的时候,要适当地告诉对方事件的背景。如果朋友说借我 10 万元急用,假如你们关系真的很好,你会什么都不问就借吗?如果对方用朋友的身份关系威胁你借,依然不告诉你理由的情况下,你会借吗?一般不会。

自我暴露的结果也会决定被支持与否,在获取支持之前从三个方面思考自我暴露的内容:

事件的意义是什么?

如何引起对方的兴趣和共情?

对方可能有怎样的反应?

举例:我最近接手了一个关于经理人辅导的项目,但是我一点经验都没有,可否给予我流程上的帮助,如果你愿意我把你纳入项目组,这样咱们都有外部学习的机会。

同时,在自我暴露的时候,对于"需要的支持"要清楚地表达。不是"我需要",而是"我需要什么",不然对方也是无从下手的。

支持系统里面的人总是会变化的，新旧交替的更新是正常的，但是如何相对地维持支持系统中关键人物的数量，是支持系统稳定的关键。

三、建立和维护你的社会支持系统

支持系统基本上是双向的，无偿的索取是一种乞讨和冒险。他人成为你的支持系统，你也是他人的支持系统，这是人与人之间必须要遵守的情谊法则。

（1）保持互相了解。在接触中，多关注对方的兴趣、爱好、价值观、知识、能力、喜欢的相处方式，这样可以很快地获得和对方接触的机会；在这个基础上，适当地增加自我暴露，拉近彼此的关系。保持了解的频率，时空总是不断变化，对方的喜好也会变化的，如果长时间不接触，彼此的沟通点就会疏远，并开始显得陌生了。在新公司稳定后和之前同事聚会的时候，首先做的就是互相问"最近怎么样"，目的就是弥补最近的不了解。

（2）尊重和关心彼此。交往中不能因为了解对方，就可以恣意妄为，而是更应该尊重对方的喜好，价值观；在对方比较在意的地方多关注，包括记住对方的生日，重点的话语，特殊的事情。一句问候，一句祝福，任何时候都不会显得俗气。随着了解的深入，多关注对方的情绪、性格，拉近彼此的关系；当对方有困难的时候，及时发现，及时伸出援助之手。

（3）创造相互依赖的氛围。根据社会交换理论，人们总是期望获得更多的奖赏，更少的代价。"人际交往的结果 = 奖赏 – 代价"，二者之间不是正负数学逻辑的关系，不是一个奖赏可以弥补一个代价的。如同一句不经意的话就会打破多年的友谊一样。但是彼此尊重和关心、了解就意味着你们关系最好吗？人际关系好坏是比较出来，要么把你和别人比，要么把你和之前比较，因此二人关系好坏也就是"满意度＝人际交往的结果－比较水平"。对方为什么选择你而不是选择别人发展人脉关系，还有一个原因，就是离开你是否会有损失。如果离开你也无所谓，那么你就容易被别人替代，这就是替代比较水平，它决定了"依赖度＝人际交往结果－替代比较水平"。之所以不离开这家公司，主要原因是没有找好下家，因此也会忍耐。因此，要时刻让对方觉得和你有依赖性，这样才会让彼此的支持关系持久。

（4）保持相对的一致性。互相了解中的自我暴露，是一种交往的媒介；彼此开始关心、尊重以及依赖，是关系的升华；如果还是停留在这样的媒介上，很快就会觉得这个朋友关系、人脉关系的平淡。因此要在价值观中寻找一个或几个大家都认同的地方，并成为相处的理由。比如都喜欢做慈善，都喜欢竞技游戏带来的快感等。奖赏理论告诉我们，我们喜欢那些也喜欢我们的人，越是相似越容易保持一致。

（5）保持信任关系。在信任公式中已经提及了，需要注意的是信任中包含品德和才能的。要避免某些误会引发信任危机。比如 A 很在意公司的变化消息，B 得到消息后忘记告诉 A，却告诉了 C，当 A 从 C 那里知道是 B 告诉 C 的，在这样敏感时期立马就会引发信任的危机。同时也要提升自己的知识和技能的水平，获得可喜的成果。支持是互相的，如果对方进步，而你原地踏步或退步，那你就是一个索取者，时间久了，从社会交换角度看，奖赏越来越少，人际结果就会越来越差。

（6）忠于彼此的共识。"言必行，行必果"，要么不说，一旦说了，必须遵守和做到。在交往的过程中，不要为了获得支持、保持关系而轻易许诺，要三思后做出承诺的决定，这是对彼此负责的交往态度。

以上六点，说明支持系统需要不断地培养和孕育、补充和清洗、润滑和淘汰、养护和更新。面对亲人，如果你没有持之以恒地交流互动，危机来临的时候，他们也很难在第一时间明白你的困难和需求，给予恰如其分的支援。面对你的支持系统的名单，想想看，你已经有多长时间没有和他们促膝谈心了？

支持系统是半私密半开放的，彼此都会有自己的社会支持系统，不要干涉对方的交往方式，更不要越过对方进入对方的朋友圈子。对于交集缠绕的朋友关系，保持开放、接纳、尊重。

支持系统不是万能的，因此要放宽心态，对于对方心有余而力不足的时候，不要勉为其难；当自己也是爱莫能助的时候，及时、明确地告诉对方，不要耽搁对方的时间。

总之，你的支持系统越宽越深，你的安全感就越强。

本节描述了如何通过他助的方式管理压力的出口，这里提供了"支持系统"的方法。一个人能否成功，不在于你知道什么，而在于你认识谁。活着就需要和别人接触，这是一个人社会化的需要。如果能够在社会支持系统里增加"交往"的主动性，增加"互酬"的无私性，增加"包容"的广泛性，增加"评价"的真诚性，时刻换位思考，接纳奖赏和批评，也许你的人生会更加精彩。

第三节　转为动力（管理压力出口：天助）

在管理压力进口的部分，讲述了一个关于压力下不同选择的故事。任何事物都有两面性，压力也是如此，既有负面的影响，也有正面的价值和意义。前者往往阻碍我们前进的步伐，后者却可以成为我们前进的动力。如果能够将阻碍转化为动力，将是变废为宝的过程。本节的主旨就是在管理压力出口的时候将压力转为动力。

一、压力背后的目的和意义

"一条大河波浪宽,风吹稻花香两岸,我家就在岸上住,听惯了艄公的号子,看惯了船上的白帆……"这是电影《上甘岭》插曲《我的祖国》的歌词。了解这段历史的人都知道战役的第二阶段就是最艰难的坑道斗争阶段,敌人的火力封锁、断水、断粮,腐烂的伤口,污浊的空气……这种压力我们难以想象和描述,但是对建设新中国的向往,对祖国的无限热爱,使战士们用人类最顽强的精神意志战胜了这种压力,并最终取得胜利。战士们的目的是守住坑道,牵制敌人,为大部队的反攻赢得宝贵时间。一个人能根据目的来支配、调节自己的行动,克服各种困难,并最终达成目的的过程,中间有一个环节,就是对目的赋予意义。对战士们而言,这种意义更是超越生命的,将自己的责任提升到肩负祖国命运、人民安全的使命上。

战场上,战士们所面对的压力是一种极限压力,在目的、目标、意义、使命的驱动下,可以超越人类身体的极限,意志力的极限,转化为无限的动力,驱使前进的步伐。如果战士们把焦点放在战火的恐怖,战友死亡的痛苦里,即使有了充足的资源补给,也难以取得胜利。如果压力带来的负面体验处理不好足以扼杀掉人的原动力。虽然我们日常生活中的压力难以与战场上的战士们相比,我们依然可以效仿战士们的精神,化压力为动力。

每一个压力的存在,不仅仅有负面的影响,同时也都隐含着一个你想要达成的目的和潜在的意义。因此,我们不仅要关注压力的体验,还要找出压力下的目的和意义。

关于目的

很难想象没有目的的人生会是什么样子。

目的是我们生活的方向。生活中我们需要面对很多事件，在事件面前，每个人都会根据自身的特点和需要，结合自己的信念、意识、价值，设想出自己期待的结果以及行动的过程。这是我们人生贯穿始终的一个模式。也就是说，每个人在事件里都会有自己的目的。

孩子不想上学了，家长的目的是让其上学，在通过相关信息的了解后，运用自己的知识和能力，进行教育，以让其上学；晋升机会来了，员工的目的是顺利升职，并在此期间加倍努力工作，耐心维护人际关系，以影响选拔者的最终态度。

以上都是我们面对事件时候的思考模式。但是事件的进展不会一帆风顺，总会形成阻碍，引发压力体验，而使我们忽视了对目的的冷静思考，并停留在情绪里。

当我们把焦点放在事件阻碍上的时候，就会视压力为问题：让孩子去上学，孩子哭哭啼啼的，开始的时候耐心安慰，但是哭声不止，看看手表，即将上班迟到，这时候就会从和颜悦色的劝慰，变成大声吼叫，视孩子为无理取闹。

当我们把焦点放在事件目的上的时候，就会视压力为动力：孩子与往常不一样的哭哭啼啼，一定是有什么原因存在，孩子不上学，是孩子的一种无效解决方案，一定不是无理取闹。要想解决这个问题，回到目的，从原因入手。

同样是一个失眠睡不着的问题，目的是如何睡个好觉。如果焦点在"我怎么总是睡不着呢"，可能又睡不着了；如果焦点在"我今晚选择睡着的方式"，也许结果就会不同。

一个销售经理，给自己定下了一个晋升的目标：五年内升职为大区经理。在这五年里他兢兢业业，如履薄冰，生怕出错影响自己的仕途，绷紧的神经难见往日的笑容。但是在这五年里，看到身边的经理一个个升职，他就按耐不住了。为什么自己总是不能获得提升？其实这位经理把之前的目标视为压力，用问题的思维对待自己的目标，他的努力方向不是进步，而是"避凶"。假如这位经理能够用目的思维，为自己设定发展和学习的方向，也许结局就会不同。

时代的快节奏下，无处不在的压力，让"漫无目的"似乎成了主流，很多职场人工作的主要内容是"执行力""领导叫干咱们就干"，长此以往就会形成一种惰性，把领导的指令当成自己的目的，毫无快乐而言。如果没有自己的目的，工作的时候就会如同行尸走肉，既无活力也无动力，最终影响的是自己的发展和进步。

因此，当我们面对压力的时候，焦点的选择很重要，如果只是看到压力的负面影响，就会在情绪的驱使下，陷在困境里；如果把焦点放在"目的"上，就会解决问题，达成目标。

关于意义

高中时通宵达旦地刻苦努力，目的是为了考上大学，可为什么要考大学呢？

如果每一个事件的背后都对应了一个目的，那么人为什么要实现这个目的呢？

稻盛和夫在《人为什么活着》一书里面这样说道："无论多么小的物质，如果无法找出其存在的理由，那么这个地球乃至大宇宙就根本无法形成。换句话说，"存在"两个字本身就有无限重大的意义。"

意义是我们生活的动力，是对目的的一种升华。意义可以增加对生活中的压力问题的容忍性，如果缺乏意义我们就不能很好地处理问题或者使它们协调。对意义和方向的知觉越强，不良压力症状就越低，幸福和快乐指数就越高。

意义，本身是不存在的，是人为赋予的一种含义。例如什么是苹果丰收？从数字上看就是苹果的数量和质量比之前增加了，这是目的的达成。

但丰收,还有一层意思,指向了"美好生活"。丰收在"美好生活"的意义下,显得更加重要。

我们之所以痛苦,是因为我们不知道痛苦所带来的真正意义。所以,寻找压力背后的意义在压力管理中尤为重要。

毕生致力于研究高峰体验和巅峰表现的心理学家米哈里·契克森米哈伊也曾说:"人类最美好的时刻,通常是在追求某一有意义的目的的过程中,把自身实力发挥得淋漓尽致之时。"相反,完全没有挑战的,享乐主义者的生活不可能带来真正长久的那种幸福。

研究数据发现:彩票得主在短短一个月的时间之后,就已经回到了他们中奖之前的幸福感水平,如果他们在中奖前是不快乐的,那他们就会回到不快乐的状态。同样,因车祸而残疾的人,在短短一年之后,也可以回到车祸前的快乐状态。这样正反两面的结果会对你有什么启发?

当今时代物质生活极大丰富,我们再也无须为了在除夕夜看一场春晚而厚着脸皮到邻居家去蹭电视看了;在有着琳琅满目商品的百货商城里,我们的烦恼已经不再是买不到电视机,而是踌躇于到底是买一台曲面屏电视还是一台智能电视。如今我们只需要打开手机网络,轻松点击几下就可以在数日内从快递员手中接过西班牙进口的橄榄油和新西兰生产的婴儿奶粉。我们已经很难再对什么新鲜的事物感到惊讶不已了,这种情况在新一代年轻人身上尤为明显。1995年之后出生的年轻人被称为"Z世代",那些曾经轰动世界的发明,如计算机、互联网,在他们眼里都显得毫无新意,因为这些东西在他们出生时就已经存在了,这是一群多么难以取悦的人啊!

值得我们思考的是:如此丰富的物质资源下,人们为什么没有那么快乐?

马斯洛层次需要理论也说明了这一切,当物质满足后,精神需求就显现出来了,这一现象的产生不是一种偶然,而是未来社会发展的一种趋势。时下，越来越多的人开始了对人生意义的追求。

积极心理学之父塞利格曼说过："人类不可避免地会追求幸福生活的第三种形式，即对人生意义的追求。有意义的生活绝不是一种自私的追求，不是向世界索取什么，而是思考自己能为周围人和环境贡献哪些价值。"

人生意义感也是积极心理学关注的重要课题，指的是人们理解并感知人生重要性的程度，以及知觉到自己有目标、使命及贯穿一生的人生目的的程度。人生意义感是人生发展任务之一，也与其心理健康、表现以及职业发展密切相关。近年来研究表明，现代人在一定程度上缺乏意义感，俗称"空心病"。

人生意义感与个体的**成长性的目标**、**人际关系的目标**、**对社会贡献的目标**三个维度均存在显著正相关。

心理学家丹尼尔·吉尔伯特发现了人类对未来情绪的预知能力是非常有限的。很多人天真地认为一栋新房子、一部好车、职位晋升或加薪等就可以使自己幸福，事实上，这些事情只能短暂影响人们的阶段幸福感。

在一项对目标和幸福的研究中，心理学家肯农·谢尔顿和他的同事们写道："对于追求幸福的人来说，我们的建议是：请尽量去追求包括成长、人际关系和对社会有贡献的目的和意义，而不是金钱、美丽和声望，对后者的追求，通常是出于生活中的必需和压力的心态。"

如果我们可以把目的和意义重点放在自我一致性、自我和谐上的话，我们则可以更快乐。积极心理学研究表明，每日把那些值得感激的事情记录下来的人们，将滋养出生理和心理上较高的健康水平。

哈佛大学提出我们要建立三个核心意义目标。

（1）**成长性的目标**。我们需要不断地成长，让自己更有优势；成长就是不断挖掘个人潜能。那如何才能够成长呢？

我们之前详细地讲过：找到自己喜欢的一件事去刻意地、重复地练习，然后在这方面形成自己的优势与能力，最后再用这份能力去服务其他人。这样能更快速地成长。

一个人，其实也是一样的。我们的存在就是要用我们的优势去服务他人，并从中得到我们的财富，获得时间的自由。

重点：人生不在于做多少事，在于把重要的事做到极致。

（2）**人际关系的目标**。我们对身边的人好，身边的人就是我们的人际关系，卡耐基曾说过，一个人的成功，15%靠能力，85%靠人际关系。

（3）**对社会贡献的目标**。我们要对社会，也就是对陌生人，有贡献有价值。创富心理学里提到，你能为越多人提供服务，你就可以创造更多价值。有钱人最后都走向慈善事业，小快乐靠得到，大快乐靠给予。

中国的哲学谈到"内圣外王"。"内圣"即要注重内心的修行，"外王"指做事的本领、手段，修为最终是为了为更多数的人服务。赚小钱靠自己，赚大钱就得靠大家，成立公司，创造更多岗位，促进更多人成功，你才能成功。所谈的也就是大学之道：修身，齐家，治国，平天下。

管理大师德鲁克说过：企业存在的目的是创造客户需求，企业的存在，就是要对这个社会有贡献。

一个人活着，他就必须要对社会有贡献。

成功的因子：快乐、优势、有意义

我们把成功可以诠释为三个维度：快乐、优势、有意义。

孩子，是"做快乐的事"的最佳代表。两个小朋友为抢玩具打起来了，劝阻后，如果引入新的游戏，很快二人就和好了。和生气比起来，快乐地玩比什么都重要。成年后的我们恰恰相反，生气了，再好的饭也忍着不吃；不开心了，心爱的人也可以不理睬。小孩子也有情绪，但是更珍惜"快乐地玩"。压力面前也应该如此，从快乐的角度构建目的，与其停留在情绪里，不如让情绪流淌散去。

能人，是"做擅长的事"的最佳代表。虽然短板理论强调通才、全才，事实上，人的精力是有限的，不可能做完组织流程中的所有事情，因为术业有专攻。即使你会修理纱窗，未必能修理空调，如果两个都会，你会修煤气炉吗？我们不能解决全部问题，但是我们可以把自己擅长的事情做得更好。同样，面对压力管理，在构建目的的时候，应该从自己"擅长"的角度，也就是优势去设定。

历经苦难者，是"做有意义的事"的代表。我们读过很多名人名言，充满了人生哲理。我们常常在认同中钦佩不已，却感叹自己做不到，甚至开始怀疑。这是因为我们经历的苦难没有作者那么多，因此不能把阅历上升为一个哲理的高度。遇到苦难，每个人都会有放弃的时候，而支撑一个人坚持的原动力，就是苦难中人生的意义。张海迪对生命的渴望超越了身体的疼痛，并转化为学习的动力。因为对她而言，生命中最重要的事情已经不是身体的残疾了，而是投身于对生命的体验中去。职场上，如果有人还有时间去抱怨，那么一定是经历得太少，甚至很少去思考做事的意义，得过且过。一段时间疯狂地加班，有时候是动力，有时候是阻力，这是因为每次加班时候设定的意义不同。压力体验下，受到情绪的支配，当忽略了意义的时候，我们很难走出困境；相反，当赋予一种意义的时候，希望的动力会增加人体的活力，进而把精力放在解决问题上，达成最终的目的。

寻找你的成功幸福支点。如果一个人能够在快乐、优势、有意义的事情中找到交集，并持续做下去，就如同坐上了"高铁"，能快速地实现人生的价值。

快乐，是第一位的。之前提到了三种快乐——竞争式快乐、条件式快乐、无条件快乐，但凡欲望下的快乐都是前两者，当失去了优势和意义后，很难持续太久，"如婴儿之未孩"，是第三种快乐，欲望满足不了快乐，快乐就是快乐，既不是建立在竞争的基础上，也不是建立在某些条件上的。快乐可以让我们坚持，如同小孩子在游乐场玩一天都不知疲倦那样，同时，快乐下对所做的事投入的精力更多，收获与成长也是最多的。

快乐和优势有时候是分不开的，擅长的事情，让我们得心应手，很快乐；快乐的事情，即使遇到困难也能成功战胜，并发展自己的优势能力。

同时，我们的优势不仅仅是为了自己，我们更重要的使命是去满足别人需要，做一个对他人、对社会有意义的存在。如果用自己的优势去打击自己的同事，或者是通过炫耀优势伤害别人，那是把快乐建立在他人的痛苦之上。相反，应该用自己的优势，帮助自己，帮助他人，那样的快乐才是真正的快乐，这是最好的"有意义"。

如果你正在做的事情是这三个方面的交集的话，那恭喜你，你已经找到人生成功、幸福的支点，只要你肯持续下去，一定会见到风雨后的彩虹。

如果到这里大家还是不太清晰自己应该如何做的话，来尝试做一下这个练习：

现在请拿出一张白纸，画出三个圆圈，分别标上快乐、优势、有意义。

列出自己快乐的事，列出自己的优势，列出有意义的事，多列一些，然后看看有没有正处在三者交集的事。

然后看看位于它们交集部分的那件事（也就是同时拥有快乐、优势、有意义这三点的事情）是什么。

当然有很多朋友可能暂时找不到，那怎么办呢？

那就持续寻找，直到找到它！

总结：

成功不一定幸福，但幸福一定是成功的。

我们不应该只去建立财富、名望等目标，这些都是结果；我们更应该去建立"过程性"的目标，通过实现"过程性"的目标的持续努力之后，我们必然会得到结果性的目标。

找到我们成功、幸福的因子：快乐、优势、有意义三圈的交集。

拥有长达一生的清晰的梦想，是非常重要的事情！

先梳理出自己的短期目标。在多方面的体验之后，你可以选择把你最希望的、最喜欢的、最优势的那部分，发展成你的长期目标。

长期平衡的人生才值得拥有！

二、目标——目的的实践

有时候我们会混淆目的和目标的关系。

目的，可以看成形而上层面的东西，是对自己人生的一种建构，是抽象的；目标，可以看成形而下层面的东西，是对目的的一种实践，是具体的。

如同射箭，目的是射中靶心，目标是通过实操，将射箭过程的每一个动作精准体现出来，以达到最终的目的（如图4-4所示）。

图 4-4

现在，你可以在前面的压力源—目的中选择一个。

（1）在实现目的的过程中，需要做哪些事情，比如射箭的一系列动作，一个动作为一个事件，也就是一个目标。

（2）列举出在每个目标实现的路上，需要克服的阻力有哪些，需要提升的能力有哪些，需要的资源（不要忘记之前的支持系统）有哪些。

（3）现在仔细看看所列举的内容，压力是不是小了很多？

（4）如果可能，建议从小事情，容易成功的目标做起，让自己的目的实现从快乐开始！

三、使命——意义的延伸：我能成为谁

意义的设定包括了意向、意思、意图、认识、知识、价值、观念等一切精神层面的内容。不同人对压力事件也会设定不同意义，如果包括了迷失自我的意义，压力烦恼也会卷土重来。如果意义能够上升到使命感的层面，人生的境界就会更加开阔。

何谓使命感？简单说，使命感即是作为一个人应该有的职责和义务。无论在潜意识还是意识层面，都是身为人所设定的一种程序。

每个企业的组织文化里都包含"使命"，比如"为人类健康而服务""打造人类生态圈"等。为什么"使命"是不同的呢？这是一个角色的问题。不同角色下的职责和义务不同，使命自然不同。

所以，在探讨使命之前，首先应该探讨"人的角色"问题。

1. 我是谁？

我是谁？我从何处来？要往何处去？你是否也曾有过这样的疑问？

这是一个哲学问题，也是我们一生寻找的方向。如果说人穷尽一生都找不到方向，未免失落，但是我们可以在有生之年无限接近。

你可能是一个儿子、兄长、丈夫、父亲、老师、经理、救助者等，人的一生扮演了很多角色，意识到的、意识不到的集合成了"我"，也就是现在的"我"。

每当身为一种角色有压力存在的时候，我们往往陷于这个角色中，而忽略了"我"的身份。比如当徜徉在工作中的时候，意识中的角色"经理"占据了上风，忽略了作为儿子、丈夫、父亲等的角色，老板赏识你，家人抱怨你。

因此要取得平衡，有必要清楚自己的所有角色。现在就可以列出你的意识里的所有角色，越多越好，比如"我今年40岁，我现在是一名心身科医生，我现在还有腰疾"等等。就这样一直写下去，直到穷尽。

练习：写出你是谁

我是＿＿＿＿＿＿＿＿＿＿＿＿＿＿＿＿＿＿＿＿＿＿＿＿＿＿＿＿
我是＿＿＿＿＿＿＿＿＿＿＿＿＿＿＿＿＿＿＿＿＿＿＿＿＿＿＿＿
我是＿＿＿＿＿＿＿＿＿＿＿＿＿＿＿＿＿＿＿＿＿＿＿＿＿＿＿＿
我是＿＿＿＿＿＿＿＿＿＿＿＿＿＿＿＿＿＿＿＿＿＿＿＿＿＿＿＿
我是＿＿＿＿＿＿＿＿＿＿＿＿＿＿＿＿＿＿＿＿＿＿＿＿＿＿＿＿
我是＿＿＿＿＿＿＿＿＿＿＿＿＿＿＿＿＿＿＿＿＿＿＿＿＿＿＿＿
我是＿＿＿＿＿＿＿＿＿＿＿＿＿＿＿＿＿＿＿＿＿＿＿＿＿＿＿＿
我是＿＿＿＿＿＿＿＿＿＿＿＿＿＿＿＿＿＿＿＿＿＿＿＿＿＿＿＿
我是＿＿＿＿＿＿＿＿＿＿＿＿＿＿＿＿＿＿＿＿＿＿＿＿＿＿＿＿

看着现在自己的各种角色，对你有什么启发？对哪个角色满意，哪个角色失望？哪个角色被自己忽略了？为什么？难道它不重要吗？为何要列举出来？有什么提示？

如果给你个机会，让你重新选择，你更希望成为哪个角色？为什么？

在这个新角色里，带给你人生最大的意义是什么？对他人最大的意义是什么？对社会最大的意义是什么？

现在，可以发现自己的使命了吗？

2. 我能成为谁？

使命和角色从来就是一个整体。在"我是谁"的练习中，我们找到了"使命"；同时"使命"也会赋予我们新的角色。如果说"我是谁"是现在的一个起点，那么"我能成为谁"就是未来的一个目标。

根据上面的"使命"，思考：在未来，比如当我 50 岁的时候，我又将是谁？

练习：写出我能成为谁（不要限制自己的想象）

我能成为_____
我能成为_____
我能成为_____
我能成为_____
我能成为_____
我能成为_____
我能成为_____
我能成为_____
我能成为_____

有什么发现？有的角色没有变，但是目标变了；有的角色消失了；有的角色是新增加的；有的角色可能之前从来没有想过。这些角色都是带着使命感的，是有意义的。

3. 原始的力量

从"我是谁"到"我能成为谁"这是一个成长变化的过程，也是一个人漫长的成长过程，而这个过程无不受到原生家庭潜移默化的影响。

一个生意人有钱后第一件事就是回到自己村里修路。因为小时候妈妈就告诉他："村里人对我们很照顾，如果你长大了、有出息了，一定要感恩咱们村。"所以这个人从小就有了报答邻里的感恩情怀。可见，原始的力量很强大。

现在请回忆，并分别用三个关键词描述下面的内容：

祖父母们对你影响最大的是什么？

父母对你影响最大的是什么？

老师们对你影响最大的是什么？

年少时，曾经渴望自己的生活是什么样的？

对你最有影响的成功人士是什么样的？

现在请将这些关键词分类汇总，并表述成一句话，作为自己的使命：

_____

现在根据这句"使命"，修改在"我是谁"里面的"使命"：

_____

建议把这句话作为电脑的桌面，这样，工作的时候，时刻可以看到它。尤其是当压力来临的时候，读一读自己的"使命"，也许就会获得新的"动力"。

4. 走出困境训练

使命感，帮助我们在意义中克服更多的压力烦恼，但是从"我是谁"到"我能成为谁"的角色成长中会有很多的磨难和坎坷。下面介绍一个心理学里的哈奥德训练方法——走出困境心理训练，以锻炼你的意志，助你一臂之力。

放松：全程闭眼，深呼吸放松身心。

入坑：想象自己误入一个深坑里，你可以详细观察坑的情境，深浅意味着困境的大小。

走出：尝试用各种方法爬出来，如果一次出不来，可以多次尝试各种方法，寻找方法的过程就是锻炼自己内在心智的过程。

5. 使命必达

从"我是谁"到"我能成为谁"的角色改变与成长，是达成使命的途径。到底需要哪些行为和改变才能顺利抵达呢？

请列举出来，用 SMART 原则分析自己的目标。

S（Specific）代表具体的行为，不能笼统；M（Measurable）代表可度量的行为，是可以量化的；A（Attainable）代表可实现的行为，是在付出努力的情况下可以实现的；R（Relevant）代表相关性的行为，是与人生的其他事情相关联的；T（Time-bound）代表有时限的行为，是为自己的行为实践设定具体的时间期限。请填写表 4 – 2。

表 4 – 2

使命：(参考前面的)	行为（符合 SMART 原则）	自己的优势/劣势
角色一：		
角色二：		
角色三：		
角色四：		

四、愿景蓝图

心理学提示，人类获取的信息 70%～80% 是源于视觉，耳听为虚，眼见为实，人们更愿意相信自己看到的，可见，视觉化的重要性。文字逻辑属于左脑反应，而愿景图像则属于右脑反应。只知道目的和意义仅仅是动力的一半，这就是为什么很多人知道怎么做，但就是不做或者无限拖延，一旦在知晓目的和意义的基础上建立清晰的愿景，动力才是完整的，动力也会更强大。

愿景对于个人来说是自己的一种梦想；愿景对于企业来说是发展的一个舞台，利益是最基本的保障，舞台才是最重要的归属。马丁·路德·金是一位卓越的领袖。面对着二十五万人在林肯纪念堂的台阶上宣告了"我有一个梦想——将整个民族带上追求自由之路"。从此，自由之梦也因此成了美国之梦。

愿景蓝图是一种创造力，当愿景蓝图与你的需求、欲望、目标结合的时候，就会产生巨大的力量。愿景蓝图会引导目标实现。你也可以运用冥想在心中勾画出目标已经达成的情境，去感受目标达成时的心情，以及目标达成时的每一个细节，包括看到了什么、听到了什么、嗅到了什么、摸到了什么、尝到了什么，以及心中的每一个细微的感受。勾画得越清晰、越兴奋、越信以为真越好。因为潜意识有不能分辨真假的特点，它会一一全部记录下来，并信以为真，你思想中相信的，你就会想出办法来实现它。

练习：把所写出来的目的和意义转化为一张愿景蓝图，画出来，有助于实现它。

想着自己的目的和意义，在你的脑海里会呈现一幅什么样的画面？画好后，建议拍照留在手机里，"无聊"的时候翻出来看看，你的嘴角依然会泛出微笑。

结　语

压力，是生理性的，也是心理性的。之所以需要管理压力，是因为压力影响了我们的两大财富：健康和幸福。

"千里之堤，溃于蚁穴"，所以，压力的问题不可小觑，即使现在的压力不会带来特别的影响，也有必要学会处理压力的方式方法，以应对未来的问题。压力的存在是一个常态，正是压力所带来的情绪体验，才让我们的人生充满了色彩。

压力描述了一个人身心的分裂、失衡与阻塞状态，更多的是一种主观体验。因此压力管理，更多的环节是对主观体验的调节。

在压力的进口阶段，我们可以选择做一个自主者，而不是一个受害者；把精力放在自己的事情上，少管他人的事；时刻不忘自己的初心，减少杂念的干扰。

在压力的转化阶段，我们可向"心脏"学习，用"弹性"的方式让自己"偷闲"，缓解压力的干扰；正念冥想是一个有效的调节方式；再辅助一些简单易学的放松技术，就可以化解压力带来的影响。

在压力的出口阶段，情绪的宣泄是必不可少的环节，这是能量流动的途径；建立和维护自己的支持系统，有助于帮助我们在压力太大的情况下获得支持；任何事情都有两面性，善待压力，就是寻找压力事件中的目的和意义，用使命感的力量，超越压力，提升自己，缔造一个快乐的人生。

下面根据本文的逻辑思路，整理了相关的案例，请你在前面理论的基础上，结合自己的学习，尝试分析主人公的情况，并给予压力调节的思路。

案例一：拍桌子时手疼心更疼

小时候，妈妈喊我们吃饭。我们爬到饭桌前，等着妈妈盛饭，就会拍桌子玩，就像打鼓一样，好玩儿极了。妈妈看到了，总是皱着眉头微笑着说："吵死了！"其乐融融。但是我们长大了基本上就不会经常拍桌子玩，除非遇到特别的情况。什么是特别情况呢？

大林，在广州一家上市公司任职销售经理，工作兢兢业业，很少见他与同事有不开心的事情发生。一次，在季度会议结束那天，上司说邀请广州的十名经理共聚晚餐，感谢大家这三个月来的辛苦和努力。席间，小刘端起酒杯向上司敬酒并表示感谢。大林让小刘多喝几杯酒并且要请客，小刘生气地说："我感谢老板，关你什么事儿，别起哄！"

"什么叫我起哄，不就是喝点酒嘛！"

"你上个季度挣的比我还多，你怎么不请？"

"要不是上个季度，我帮你抗着销售任务，你能完成吗？"

"要不是老板出面，你会帮我吗？你以为自己有多高尚呀？"

"你什么意思？"

"你什么意思？"

大林，突然站起来了，狠狠地拍了桌子，一碗汤都洒了。同事们都懵了，大林平日不这样。上司也说："你们都少说几句！"但是，大林已经控制不住了："我告诉你，小刘，你别以为你现在有多好，咱们走着瞧！"大林转身离开下楼了……一阵凉风袭来，散去了一些酒精，人也似乎清醒了一些。"我这是怎么了？我这是怎么了？"微微阵痛，才发现，刚才拍桌子拍得太猛了。"管不了这么多了，我接下来该怎么办呢？"

后来，经过疏导才知道，大林最近家里有人生病了，需要很多钱，房贷也是一笔巨款，本来以为这个季度可以多拿些奖金，缓解一下的，谁知道，上司竟然让他分担了小刘的一些任务，关键是分担的任务只算帮忙，却不算奖金。问题不在于暂时的资金压力，再苦再难的日子都经历过了，但是为什么这次就发作了呢？真的是暂时的压力，还是因为积压得太久？抑或是触碰了什么呢？

如果从压力管理的社会层面看，大林最近遇到了"生活变故"太多，"社会再适应评定量表（SRRS）"的评分结果也就不言而喻了。从这个角度看，大林遇到了过多的"压力源"，可是他之前还不知道自己的压力源是什么，只是觉得事情乱如麻。

这仅仅是一个方面，随着谈话的深入，我们得知，原来大林身为老员工，一直希望能成为团队的核心力量，所以兢兢业业，任劳任怨，都是希望能促成这个目标。谁知道小刘的加入，改变了这个局面。小刘有活力，善于表达，新点子多，上司很喜欢。也因为小刘这个季度的业绩，进而他可以参加下个月的"精英俱乐部"。之前这个俱乐部的名额，大林一直是不二人选。这对大林而言，就像受到了"人格侮辱"一样，感觉是上司和小刘联合起来对付他，因此才会"怒发冲冠"。

事物的表象，我们很容易看到；事物的背后，我们通过努力也可以找到，但是事物的本质呢？试想，如果我们在职场上也遇到了类似的情形，是不是会有和大林一样的反应呢？有的人会，有的人不会，有的甚至比大林还要激烈，比如掀桌子，有的甚至会一笑了之，呼呼大睡！拍桌子的时候手会疼，但是心更疼！如果能时刻觉察自己，找到自己压力的核心点，就会及时处理，控制自己的情绪和言语，减少冲动，用其他的途径解决自己的压力。

后来，大林经过自己的主动沟通，消除了和上司、小刘的误会。因为他通过其他途径知道，小刘加入"精英俱乐部"只是当时成绩好而已，上司其实是很看重大林的，并为他积极争取额外的名额，虽然没有被批准，鉴于大林的承担精神，额外增加了5%的薪水……

思考：

1. 如果我们遇到和大林类似的事情，会从哪个角度处理？
2. 如何知道自己的引爆点，并时刻觉察，以减少类似的冲突？
3. 引爆点，来源于一种思维方式，那么它是如何一点一滴地形成的？
4. 引爆点和愤怒有什么关系？

案例二：我怎么这么倒霉

论倒霉，我想没有几个人能比鲁迅小说《祝福》笔下的"祥林嫂"更倒霉的了。祥林嫂何许人也？按照小说里面的描述，"早寡""婆婆要卖掉她""鲁镇帮佣""太太不喜欢""婆婆抢她，被迫改嫁""改嫁后丈夫累病死""儿子病重""儿子被狼吃了""继续鲁镇帮佣""不公平待遇""被赶出""乞丐""死于新年雪夜"。这些关键词，可以说描述了祥林嫂的一生，每个关键词也都表达了一个意思——倒霉。

生活中，你是否也遇到过类似"祥林嫂"的人，总是把"倒霉"挂在自己的嘴上，似乎"凡事不倒霉，倒霉必是我！"如果身边有这样的人，你会如何与之沟通？还真有这样的一个人。

格格，也是人如其名，有一点格格不入的感觉，格格总觉得周围的人针对她。她还是个婴儿的时候，妈妈就去世了。爸爸带着她，和爷爷奶奶、姑姑一家一起生活。大院里的孩子都是天真的，天真得什么都会说，比如和格格吵架的时候，说"格格是个没妈的孩子"，尤其是节假日团圆的日子，别的小朋友都有妈妈的怀抱，而格格却没有。就这样，格格长大了，带着儿时的经历，大学毕业了，并加入到一家世界五百强的企业，之后，遇到了现在的老公——一个财经行业的精英，有了一个可爱的女儿。按理说，她现在的生活是无忧无虑的。可是她总是不满意，今天抱怨婆婆不懂事，明天说某某同事真不地道，上午可能会说公司的饮用水不好，下午可能就会说办公室的空气有问题。任何时刻，都会加上一句"你说，我怎么就这么倒霉""我怎么就遇到了这么一个婆婆""我怎么就遇到了这样的同事""怎么就我打水的时候,停电了""我怎么就没赶上窗户边的办公桌呢"……如果你是她的同事,你会做何感想?后来,她离婚了,在她看来,她就是这么倒霉,遇到了一个这么不懂得体贴、不会浪漫的木讷先生。这些都是从她的描述中总结出来的。我们可以理解,儿时的经历、原生家庭,的确会对一个人的生活、思考、做事产生一定的影响,如果挥之不去,长此以往,就会给自己带来深层次的影响。

为什么有的人就是喜欢抱怨,或者总觉得自己不幸呢?如果知道了是原生家庭的影响,也许你还能理解他。但是,并不是很多人都会有格格的那种经历,又或许,即使有过格格原生家庭影响的人,也从不抱怨,时刻充满了希望,这又是为什么呢?

1983年,上映了一部电视连续剧《阿信》,该剧以日本明治年间山形县佃农谷村家的女儿阿信从7岁到84岁的生命为主线,讲述一个女人为了生存挣扎、奋斗、创业的故事。"阿信"也成为当时风靡一时的女性创业者代名词。这是一个真实的故事。与格格不同的是,阿信从来不抱怨,无论遇到什么困难——战前的贫穷,战中儿子的离去,战后丈夫的自杀,无边的饥荒……都没有阻止阿信对生活的向往,眼睛里时刻放出一种光芒——希望。这是一部看完后让你充满力量的电视剧,曾经激励无数人在艰苦的时候能够有勇气去面对。阿信的勇敢、顽强、坚韧、乐观,值得我们每一个人去学习。也许我们无法体会阿信本人的内心,当时的阿信内心经历了一个怎样的挣扎。但是,值得我们思考的是,同样是战前的朱门和饿鬼,战后的凋敝和疮痍,如此压力下为什么有的人就会走出阴霾,而有的人却会沉沦,其实这也是一种能力。弗雷德·卢桑斯、卡洛琳·约瑟夫、布鲁斯·艾沃立欧在《心理资本:激发内在竞争优势》里面就有这样的描述:"心理资本是个体在成长和发展过程中表现出来的一种积极心理状态,具体表现为:在面对充满挑战性的工作时,有信心(自我效能)并能付出必要的努力来获得成功;对现在与未来的成功有积极的归因(乐观);对目标锲而不舍,为取得成功在必要时能调整实现目标的途径(希望）；当身处逆境和被问题困扰时，能够持之以恒，迅速复原并超越（韧性），以取得成功。"

看过《心理资本：激发内在竞争优势》这本书，我们再来对比格格和阿信，你就会明白为什么在面对同样的环境的时候，人的压力反应是不同的了。在信心方面，格格是没有自信的，儿时，总是被大人说是个笨孩子，总是不如邻居家的狗子，尽管格格有时候也会拿到100分。在乐观方面，格格总是认为，自己的成功是偶然的，是特殊的环境导致的，从不认为是自己努力的结果。在希望方面，鉴于自信和乐观的不足，格格自然就缺乏这种锲而不舍的精神。在韧性方面，格格在面对困扰的时候，不是从自身找原因，而是通过抱怨，沉迷不悟，不能自拔。相反，阿信基本上属于《心理资本：激发内在竞争优势》里所描述的那样，不仅仅带给自己希望，也给周围的人带来了希望和勇气，尤其是家人。

所以，每个人都会在人生的路上遇到不同的困惑和苦难，如何看清问题的本身，也是缓解压力的一种方式。苦乐一念之间，犹如弹指。对此，您怎么看？

案例三：是否需要辞职

2015年4月14日早晨，河南省一名女心理教师提交了一封辞职信，辞职的理由仅有10个字："世界那么大，我想去看看"。传到互联网后，被疯狂转载，并引发了热评："史上最具情怀的辞职信，没有之一""任性""不负责任"等。如此这样的一封辞职信，领导最后还真批准了。2016年5月31日，教育部、国家语委在京发布《中国语言生活状况报告（2016）》，将"世界那么大，我想去看看"选入2015年度十大网络用语。

提起辞职，相信很多人有过类似的经历，尤其是当今多元化的社会，选择不一定是被动的，但也不能一定说就是冲动的。辞职，没有对错，值得我们思考的是，辞职的理由。下面我们通过一些现象来看看这个理由，当事人我们称为C，与之相关的人我们称为S。

结 语

　　C是个粗犷的人，凡事差不多就行了。S正好相反，小家碧玉型，追求逻辑和完美。在S看来，C是个"无趣"的人，在C看来，S是个"事多"的人，好在没有交集，还算相安无事。两年后，S成为C的领导，不难想象S和C的日子——彼此打心眼里的不顺眼带来的连续内心小冲突。我们无法确认是谁在忍受谁，可以确定的是，总会从"不顺眼"升级为"对抗"。终于有一天，C和S忍不住了，在一个项目上开始互相攻击，那一天，谁都没有避讳在场的同事，优雅的人不再优雅，粗犷的人变得粗鲁……带着这样的隔阂，两个人内心的结更大、更深了。过一段时间，C发现自己的身体越来越弱了，容易感冒，经常没有力气，开始以为工作的事情太多了，可能是累了，需要补充营养类的药物，以及休息。后来，C又发现，不但体质下降的境况没有改变，皮肤也开始出现了问题，比如红点、痒，等等，经常睡不好，面无血色。从当年的意气风发，到如今的一脸疲惫，家人和朋友也看到了这个明显的变化。后来，C决定离开了，不是因为能力不能胜任工作，而是C认为，他无法改变S。再后来，S也离开了，因为他无法改变C，更无法改变和C类似的人。这不是人性的问题，C和S本质上都是很善良的，就是不能"在一个笼子里"。

　　现在，我们重新看C和S的辞职理由：都是希望对方改变，而迁就自己，或者说适合自己。其实，生活中，我们是不是也会遇到类似这样的事情或者语言：

　　"他怎么老这样呀，我还怎么开展工作？"

　　"他总是针对我，我还能干下去吗？"

　　"一到周末，就和朋友出去喝酒，家里活儿一点儿都不干。他要是爱我，就周末别出门！"

　　"孩子大了就好了，不然我都没有时间学习了！"

　　"烦死了，楼上谁家呀，怎么老装修呀，我还怎么睡午觉呀！"

"每次和你家亲戚吃饭，都是我们结账，他们还打包带走，真不见外呀！"

类似的语言数不胜数，但有一个共通性，那就是"理由"，理由的背后都是希望对方能够改变，然后自己才会没有压力。从 DISC 理论看，对角线上的两个人，最难相处和沟通，压力也是最大的，问题是，我们作为社会化的人，总会遇到对角线上的人，难道一直对抗，或者通过辞职的方式逃避？如果我们是参加了聚会还好，至少过了今晚"老死不相往来"，如果对方要是工作上的同事、上下级，也许你可以通过辞职的方式远离。如果你每次都遇到这样的人，难不成每次都要辞职，那我只能佩服你拿到 offer 的能力，以及质疑用人单位第三方背景调查的准确性了。如果对方要是伴侣、亲属、孩子，你又当如何？就这样对抗下去，那我只能再次佩服你对于低生活质量的"享受"了。从压力源的角度，很多生物层面的因素，我们无法改变，比如四季的温度，极地地区的白天和黑夜的确打破了人体的生物节律，但是如此环境下，也不是人人都抑郁了，相反，很多人在不正常的环境节律下，调整了自己。据说，"宜家家居"的很多设计就是来自极地地区人们。

事实上，对角线上的人际压力，不是没有方法去调整，本书前面谈过这个问题，也就是压力管理的原则之一：明晰界限。记得 2003 年，我任职一家外资制药公司，SARS 后，组织架构调整了，给我安排了一个"对角线"的领导——销售总监，担心我不适应，还给我发了一封电子邮件，"人生如大牌，顺手牌，人人会打，当牌不好的时候，如何打好逆手牌，才是一个人成熟和能力的体现。我们都在面对改变，而真正的改变是'我'的改变！"也是这句话，激励我在适应不同领导的过程中成长和成熟。相信，通过本书的学习，你也可以！

案例四：离了吧，不然我会打死她

一天，工作室来了一位男士，似乎几天没有睡过觉了，脸上厚厚的油脂，紧蹙的眉头，青青的胡茬，有些弯弯的背。这些都透露出，这个男子在承受着极大的压力，不然也不会走进我这里。这一点不可否认，女人比男人更懂得宣泄和寻求帮助，而男士更愿意自己消化或者隐藏自己的压力，就好比迷路了，女人倾向于问路，而男人倾向于自己寻找一样。所以，面对男士来访者，我格外注意。

刚子是一家汽车公司的试车员。很多年前，试车员是个紧缺的职位，所以，刚子当时的收入，可以说是提前进入小康生活，就在很多家没有私家车的时候，刚子在那个年代已经拥有。因此，不乏众多追求者，最后还是文文走进了刚子的世界。当时文文只是一家小银行的出纳，工资并不高。但这并不是问题，双方很快坠入爱河，结婚当天，奔驰车就三十辆，婚后，有了一个可爱的宝宝。老人更是开心，主动承担了照顾孩子的责任。按理说，对于刚子夫妇而言，多么恩恩爱爱而又幸福满满，很多人都羡慕不已。随着时间的推移，社会和经济的发展，产业化的变化，很多工作岗位也发生了很大的变化。从事试车员职业的人也越来越多，当年的黄金碗，含金量已经没有那么多了，竞争越来越激烈，收入越来越低。很快，刚子所在的单位就因为效益不好，被另一家公司吞并，刚子从固定工，变成了合同工。刚子已经控制不住时代的大潮，除了"车"，也没有什么其他的本事了，要么在这里继续听之任之，要么离开这里，另谋高就。刚子已经习惯了当年的风光，力不从心，开始不思进取，在工资没变，而物价不断上涨的年代，已然心如死灰，打牌、抽烟、喝酒，也许就是他最后的人生了。而太太文文恰恰相反，所在银行在改造和升级后，成为分行，因为不断钻研业务，努力学习银行的相关知识，平日里注重上下级沟通，时刻维护同事关系，所以，她很快就被提拔为副经理、经理，直至分行的副行长，随着薪水和职位的提升，与刚子之间的差距越来越大。

起初还好，文文也经常安慰刚子，"不要看眼前，凭你的头脑总会找到适合自己的工作的，实在不行，咱们出一笔钱，开个店。我是爱你的。"每每听到文文的鼓励，刚子还是甜蜜蜜的。但是，时间久了，刚子就习惯了，依然停留在徜徉过去的美好中而不能自拔，在一次试车的时候，把一辆豪车给剐蹭了，好在对方没有计较，不然赔偿费就够刚子受的，也因此，刚子辞职了。以前家里的大事小情都是刚子操持，现在，还要伸手要钱，对于刚子这样的男人而言，哪里能忍受吃软饭的生活。于是，他经常带朋友回家打牌，家里乱七八糟的，有时候，打完牌，和牌友们酗酒到半夜。文文在开始的时候，也理解，毕竟刚子也不容易，遇到这样的事情，谁都会心理不平衡。时间久了，文文也会受不了。那天正好赶上银行里有个大项目，这关系到十几人的饭碗问题，也许是太累了，回到家后，看到满地的烟灰，散落的扑克牌，随意放的啤酒易拉罐，而正在沙发上醉醺醺的刚子依旧在看着电视，文文一下子怒火中烧，对着刚子就吼了起来："一天到晚就知道和狐朋狗友喝酒打牌，家不管了，一分钱不挣，还吃香的、喝辣的，你要是有本事，就去挣钱去。"这句话正好刺痛了刚子的软肋，他立马从沙发上蹦了起来："你再说一遍试试！"文文也没客气："我就说你了，怎么着吧？"文文就在重复着这句话，而刚子，也许是借着酒劲，就推了文文一下。"你敢打我？"文文也不示弱，一挥手，正好掌掴在刚子的脸上。"你敢打我脸，看我怎么打死你。"刚子随手就两拳打在了文文的身上。突然刚子酒醒了，立马认识到，这不行，于是，主动承认错误："老婆，原谅我！"经过几个小时的安抚，就算和好了。可是，夫妻打架的后果往往是愈演愈烈，有第一次，就会有第二次。因为刚子没有停止酗酒和改变自己的状态，文文在职场压力下，也是透不过气来，每每带着一身疲惫，看到一片狼藉的客厅，自然牢骚满腹，自然就会触碰刚子的软肋，在酒精的刺激下，继续上演动作片，一次次道歉，一次次暴力升级，甚至变成了习惯。直到有一次，因为打架，文文断了一根肋骨，出院后，自然就是该讨论离婚的程序了……尽管父母反对，刚子在清醒的时候，还是觉得，离了吧，不然真会打死自己挚爱的妻子。

也许，你认为这是一个小说故事，也许你的身边没有，你也没有经历过。但是，这是事实，也确实会发生在某个家庭中，由于女主人的忍让而鲜为人知。好在刚子的及时醒悟，也是刚子意识到改变势在必行，不然的话，毁掉的就不仅仅是一个小家了……

结　语

　　刚子的暴力情绪是怎么产生的呢？从心理学角度，就是"控制力"出了问题。这不是一个简单的控制情绪的问题和自控力的问题，而是因为无法选择产生的焦虑、压抑所演变的愤怒。记得2018年9月的一场台风，大阪的关西机场，因为一艘油船撞坏了唯一一座连接空港和大阪的跨海大桥，导致机场很难短时间内恢复运营。当时的我作为一名游客，也是很焦虑。如果，在三天内可以恢复，那我可以多待几天，改签就可以了；如果半个月才能恢复，那我必须返回东京，买高价机票回北京。问题在于，我不知道该怎么做，如果等待之后，还是不能从大阪回北京，那么大量的游客就会从东京走，肯定买不到机票了。反之，如果不等待，直接回东京，那就不得不"享受"一次昂贵的航空旅行了，对我而言，也是一笔巨款。后来，我还是选择了从东京回北京，但是，当天的那个晚上，我是在焦虑中度过的，既要安抚好妻子，又要陪孩子玩耍。所以，压力人人都有，但是当你不知道什么可以控制，什么不可以控制的时候，才是真正的压力。

　　刚子也是如此，无论在职场上，还是家庭生活中，从有控制到没有控制，就会出现这样的情绪。如果他在单位改制的时候，就来寻求帮助，也许，结局会不一样。别说当年了，就是现在不懂得寻求"心理咨询"的人，也比比皆是。

案例五：真的，我快忙死了

　　"真的，我快忙死了！"你有多久处于这样的状态下，是偶然的，还是持续的？如果你愿意，请认真思考这个状态！是否你也有这样的感觉，同在一个城市里，和大学同学却很少见面；同在一个公司里，和好朋友也很少相聚；即使见了面，也都会说："最近，特别忙，活儿多！""我都连续两周没有休息过了！""昨晚加班到午夜，今天一早就去了公司！"诸如此类。每当这么描述的时候，很难判断当事人是喜悦还是痛苦，但是通过对方的哈欠就不难看出，当事人真的挺累的。如果你问："怎么这么忙呀？"对方的回答几乎是："没办法呀！"我们必须承认，科技的进步，在便捷生活的同时，减少了更多休息的时间；老板一个电子邮件，也许今晚就得加班。尤其是网店的商家，如果员工不能接受"7×24"的工作方式，是不会被录用的（7 指七天，24 指二十四小时，就是全年无休的意思）。

之前，很多研究显示，如果你是 A 型性格的人，很容易成为一个工作狂，但是现在，如果你成了一个"工作狂"，可能与你是否是 A 型性格的关联度就没那么高了，毕竟这个时代的节奏发生了变化。有的人成为工作狂是主动的，这类问题很大，我们先不讨论；我们先看看被动成为工作狂的人。

有一家旅行社，生意很好，尤其是负责国外线的张经理，30 岁，儿子 2 岁，可谓年轻有为，事业蒸蒸日上，如果业绩持续好，不出半年，就会被提升为旅行社国外线的总监了。他也是拼了，2013 年夏天，接了 16 个国外团，下属已经超负荷了，结果又增加了一个团，为了拉住客户，张经理亲自上阵带团，十年的带国外团经历，自以为轻车熟路。在法国的第二天，因为三个成员的护照丢失，增加了额外的负担，好在张经理经验丰富，很快通过国外朋友的帮助，在大使馆解决了。本以为可以松口气了，结果当天接到了国内领导的电话，三家公司分别计划在国外开年会，公司高层认为，只有张经理可以胜任这三个大项目。张经理也因为高升在望，咬咬牙，接了下来。随后的五天，白天带团，晚上写项目计划书，每天几乎只睡 3 个小时左右，时差已经顾不上了，咖啡和香烟是他唯一的支柱，结果就在第七天的大巴车上，一坐不起，从此，再也看不见自己 2 岁的儿子和温文尔雅的太太了。后来，医生诊断为，急性心梗，猝死。一个年轻的生命，就这样逝去。当时，很多人都会感叹"工作的意义到底是什么？"。但是，在感叹之余，我们更要思考的是：在当今高强度、高压力的负荷下，我们如何避免成为被动的工作狂，或者说，我们如何能够找到机会去休息呢？

宋朝的黄庭坚在《和答赵令同前韵》里就写道"人生政自无闲暇，忙里偷闲得几回。"唐朝的李涉在《题鹤林寺僧舍》也说过"偷得浮生半日闲"。所以，"忙里偷闲"不是消极怠工，而是为了更好地工作，因为在汉语词典中,"偷"还有一个解释,就是"抽出时间"的意思。由此可见,"忙里偷闲"也是一种技能。如果张经理能够明白这个道理,面对如山的压力,凭他的能力和经验,完全可以承受的,"既来之,则安之",不如利用这十几天,和游客一起,给自己一个放松,也许,结局就会不同。还有一个关键就是——"闲",偷出来的"闲",我们要做何用?一旦这个"闲之用"没有想清楚,压力反而会更大。好不容易有了半天的假期,有的依然在想着工作。在领导看来,你已经休息了,事实上,你这半天是在焦虑中度过的。有的疯狂地逛街、打牌,已经脆弱的身体,被换了一种方式折磨,在假期快结束的时候,带着一身疲惫,重新投入到工作的焦虑之中,得不偿失。所以,时刻要关注自己的身体,缺觉,就要补觉;营养匮乏,就要补充营养。当然我们不是鼓吹笛卡尔身心二元论下的机械理论,但是,身体也确实如同机器,需要定期维护。放松也是一门学问,这是"闲"的艺术,也是"闲"的大用。

还有一种,就是主动型工作狂,这是 A 型性格表现出来的一种特别价值观,是成就理论的极端化思维。在他们的眼里,似乎只有"工作"才是唯一的"生活",可以很快走出诸如"离婚""家人去世"的阴霾,却不可原谅自己在工作中的半点失误,他们是领导的宠儿,下属的克星,同时,也是公司的骨干,家庭的"累赘"。大李,就是这样的一个人。有一次,我陪他去接孩子,领导来电话说,有个项目需要抓紧写方案,希望明天下班前交初稿。其实,第二天白天大李是可以完成的,但是他一听到"工作",立马就兴奋起来,和我说,一会儿把孩子送到爷爷奶奶那里,他今晚就要出一个方案,还很自豪地说:"又要加班了!"他的兴奋,倒是让我陷入了思考:对比大李,我的工作态度是对,还是错?养家糊口是我们的责任,工作负责也是我们的责任,二者之间总要有一个平衡,这个平衡是什么?后来,在一个项目讨论会上,突然,大李语无伦次,右手下意识地捂着胸口。如果没有 120 的及时赶到,也许大李就再也不能享受工作的"快乐"了。后来,开始大李还是注意工作和生活的平衡,但是好景不长,又恢复到了之前的状态,最终,大李彻底倒下了,40 岁的他只能提前退休。

这是"僵化"与"弹性"的对抗，长时间在一种压力下，人的身心就会僵化，身体的僵化，会带来更多的冠心病、风湿性关节炎；心理的僵化，就容易产生偏执，降低创造力。因此，无论你是否是 A 型性格，学会"弹性"总是有利的。

案例六：表达压力其实很困难

大排档，一般是夏天傍晚的好去处。酒过三巡，阿锋说："这半年了，也不知怎么了，只要超过两瓶啤酒，我的嘴就不听使唤，甚至结巴。"我说："你是时候需要改变一下了，否则，你不喝酒都会结巴。"原来，近两年来，阿峰的上司总是针对他，苦活累活总是让阿峰干，而轻松容易出成绩的给别人干，显然这是想赶阿峰走，但是又不能明目张胆，毕竟阿峰是个老员工，为人善良，兢兢业业，年年绩效 100 分。很多人都劝阿峰，要么找上司理论，要么换一个工作，每每这个时候，阿峰都是苦笑一番："我知道该怎么做，可是，当我面对的时候，我就不会说了。"可想而知，时间一长，"委屈"就会一直存在，这种慢性的压力就会滋生"郁结之气"，而长期的郁结之气，就会随着人体的经络游走，碰巧走到了阿峰的语言中枢，在酒精的刺激下，就会神经短暂性紊乱，也就出现了"结巴"现象。

从阿峰的事情中，我们不难看出，"表达压力其实很困难"，之所以把这段放在本篇的最后，是因为，前面的种种现象，都可以归纳为"不会正确判断自己的压力，不会正确表达自己的压力，也就不会更好地处理自己的压力了"。本书通篇也是围绕这个话题展开的。

如果说"忙里偷闲"是一种技能，表达压力对于某些人而言，更是一种需要长期训练的技能。

首先，要改变心态。逃避是一种方案，但是是失去功能的一种解决办法。从班杜拉的《自我效能》角度看，自信是一种心理资本，是正能量的基石，是希望的原动力，也是自爱的前提。所以，建立自信，才会有勇气去面对，才是对自己负责，才会自爱，才会获得更多人的尊重。不然的话，压力就会转化为因为逃避压力带来的另外一层压力，以至于尽管压力解除了，痛苦仍然没有解除。

其次，要学会宣泄。开篇我们就提过，我们是社会化的人，我们不是一个人在战斗，找合适的人做适当的倾诉，可以缓解当前的压力，比如你比较尊重的长者，经验丰富的同事都可以，只要你信任他，只要你相信他会为你保密就可以了。

最后，最重要的还是学会方法。尽管宣泄是一个办法，但只是解决问题的一个方面，通过积极有效的方法，找到自己的压力源，才是真正解决压力的开始！

参考文献

[1] 侯玉波. 社会心理学 [M]. 4版. 北京：北京大学出版社, 2018.

[2] 彭聃龄. 普通心理学 [M]. 5版. 北京：北京师范大学出版社, 2018.

[3] 毕淑敏. 心灵游戏 [M]. 北京：北京十月文艺出版社, 2010.

[4] 孟昭兰. 情绪心理学 [M]. 北京：北京大学出版社, 2005.

[5] 李阳, 李为, 孙林元. 人际信任的心理学解读 [J]. 考试周刊, 2009 (44): 236-237.

[6] 李中莹. 重塑心灵：NLP——一门使人成功快乐的学问 [M]. 北京：世界图书出版公司, 2010.

[7] 西沃德. 压力管理策略：健康和幸福之道 [M]. 许燕, 等译. 北京：中国轻工业出版社, 2020.

[8] 稻盛和夫. 人为什么活着 [M]. 蔡越先, 译. 北京：东方出版社, 2015.

[9] 张彤, 兰佩萨德. 发现你的蓝海："互联网+"代的自我营销 [M]. 北京：中信出版社, 2016.

[10] 谢弗尔. 压力管理心理学 [M]. 方双虎, 等译. 4版. 北京：中国人民大学出版社, 2009.

[11] 阿尔里德. 驾驭压力：受益终身的8条抗压守则 [M]. 许人文, 译. 北京：人民邮电出版社, 2018.

[12] 格林伯格. 化解压力的艺术（原书第12版）[M]. 张璇, 译. 北京：机械工业出版社, 2014.

[13] 马丁纳. 改变，从心开始：学会情绪平衡的方法 [M]. 胡因梦, 译. 昆明：云南人民出版社, 2018.

[14] 戈尔曼. 情商：为什么情商比智商更重要 [M]. 杨春晓, 译. 北京：中信出版社, 2010.

[15] 沈妙瑜. 生命喜悦的祈祷 [M]. 北京：中国轻工业出版社, 2011.